Rasenpflege

Mähen ... 26
Muss Schnittgut entfernt werden? ... 30
Bewässern ... 32
Düngen ... 34
Belüften und Besanden ... 36
Vertikutieren, Topdressen, Walzen ... 38
Ein Golfrasen zu Hause – geht das? ... 40

Problemlösungen

Rasen abrechen, Laub beseitigen ... 45
Unkraut, Moos, Krankheiten ... 46
„Tierische" Probleme ... 52
Ferienzeit: Rasen alleine zuhaus ... 56
Trockenheit und Bewässerungsverbote ... 57
Kälte, Frost und Schnee ... 58
Rasen unter Bäumen ... 59
Die Rettung eines Rasens ... 60
Völlige Erneuerung eines Rasens ... 62

Inhalt

BOARD

Der richtige Rasen

4 Was ist Rasen?

6 Die Rasenmischungen

8 Besondere Mischungen

10 Der Kauf des Saatguts

12 Fehler, die sich vermeiden lassen

Was ist Rasen?

Ein Rasen besteht aus mehrjährigen, kurz geschnittenen Pflanzen, die zu den Gräsern (*Gramineae* oder *Poaceae*) gehören. Durch regelmäßiges Mähen werden die meisten im vegetativen Stadium gehalten, was bedeutet, dass sie weder blühen noch Samen bilden können, wie es der Weizen zum Beispiel tut. So erhält man eine gleichmäßig dichte Grasnarbe.

Obwohl er den Boden wie einen Teppich überzieht, bemerkt man bei näherem Hinschauen, dass der Rasen aus sich überlagernden Einzelpflanzen besteht, die nicht unbedingt alle gleich sind. Diese Einzelpflanzen gehören zu verschiedenen Arten, die so unterschiedlich sein können wie die Baumarten in einem Wald. Jede dieser Arten besitzt spezifische Eigenschaften: unterschiedlich breite Blätter, mehr oder weniger schnelles Wachstum, Toleranz gegenüber Trockenheit.

Wie die Gräser den Boden bedecken

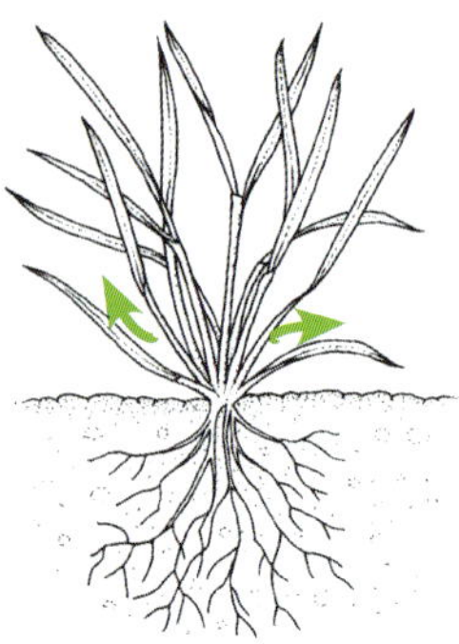

Die Fähigkeit der Gräser, zu einem dichten „Teppich" zu werden, beruht darauf, dass sie mittels der Triebe, die sich an der Basis ihrer Blätter entwickeln, Horste bilden. So genügen manchmal wenige ausgesäte Samen, um die gesamte Bodenoberfläche mit Rasen zu bedecken.

Manche Arten haben Rhizome. Das sind unterirdisch kriechende Triebe, die immer wieder Tochterpflanzen hervorbringen. Mit ihrer Hilfe verbreitet sich die Pflanze und regeneriert sich; falls die Pflanze oberflächlich geschädigt wird, kann der Boden trotzdem neu bewachsen.

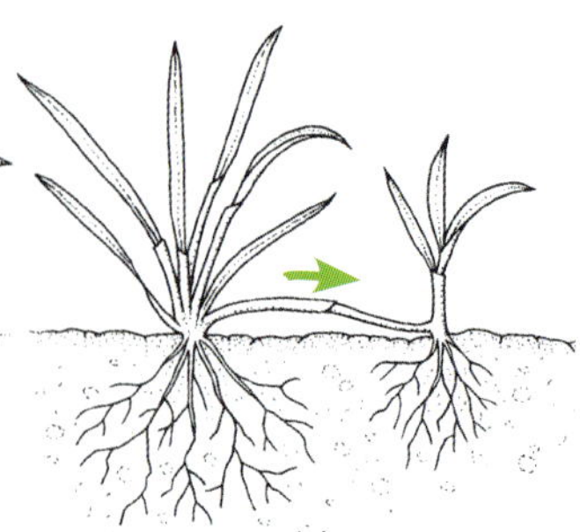

Andere Arten bilden oberirdische Ausläufer (Stolonen). Das sind dünne Triebe, die auf der Bodenoberfläche wachsen und neue Pflanzen hervorbringen. So breitet sich die Pflanze aus, doch verträgt sie es schlecht, wenn man auf ihr herumläuft oder wenn sie ausgerissen wird.

Die verschiedenen Arten der wichtigsten Rasengräser

Breitblättriger Rasen Rohr-Schwingel

Mischung aus Wiesenrispe und Rot-Schwingel

Pflanzenzüchtern ist es gelungen, von jeder Gräserart, die für den Rasen bestimmt ist, verbesserte Sorten zu entwickeln.

▸ **Deutsches Weidelgras**
Lolium perenne
- Sehr kurze Auflaufdauer, mittelbreite, auf der Blattunterseite stark glänzende Blätter, außerordentlich gute Trittverträglichkeit.
- Schnellwachsende Art, die regelmäßig gemäht werden muss, durchschnittliche Trockenheitstoleranz, pflegeintensiv.

▸ **Wiesenrispengras**
Poa pratensis
- Gute Trittverträglichkeit und Verwurzelung im Boden, gute Regenerationsfähigkeit durch Rhizome, durchschnittliches Wachstum.
- Blätter: mittel bis breit.
- Lange Keimdauer, pflegeintensiv (in trockenen Gegenden ist Wässern unerlässlich), manche Sorten sind sehr rostanfällig.

▸ **Rot-Schwingel**
Festuca rubra mit Unterarten
- Horste, kurze oder lange Ausläufer bildend.
- Feine, dichte Blätter, recht langsames Wachstum, gute Anpassung.
- Kurze Auflaufdauer, unterschiedliche, aber stets mäßige Trittverträglichkeit.

▸ **Schaf-Schwingel**
Festuca ovina
- Ähnlich wie Rot-Schwingel, mit sehr schmalen Blättern und mittlerer Auflaufdauer, gute Anpassung sogar an schwierige Böden.
- Gute Trockenheits- und Frosttoleranz.
- Nicht belastbar und somit nicht für betretene Rasenflächen geeignet!

▸ **Rohr-Schwingel**
Festuca arundinacea
- Ausgezeichnete Anpassung an heiße, trockene Klimate, gute Trittverträglichkeit, hält vorübergehende Überschwemmungen aus.
- Ungleichmäßige Keimung, etwas breite Blätter.

▸ **Straußgräser** *Agrostis*
- Sehr schmale Blätter, die einen sehr dichten Rasen ergeben, verträgt gut sehr kurzen, häufigen Schnitt, schnell bodendeckend.
- Mäßige Trittveträglichkeit und Verwurzelung, verlangt sehr viel Pflege. ●

Die Rasenmischungen

Rasen besteht fast immer aus einer Mischung verschiedener Arten und Sorten. So wählt man ihren Eigenheiten entsprechend die Arten aus, die am besten zum Klima der Gegend und zum gewünschten Rasentyp passen.

Da wohl jeder einen perfekten, makellosen Rasen möchte, kann die Wahl der Sorten dabei helfen, die besten Erfolgsaussichten zu sichern. Werden von einer Art zwei oder drei Sorten gemischt, ist die Chance groß, dass in kritischen Momenten die Schwächen der einen durch die guten Eigenschaften einer anderen ausgeglichen werden. Aber Vorsicht, eines muss klar sein: Die Wahl der Mischung macht nicht alles aus! Auch eine gute Pflege zahlt sich aus. Sie kostet zwar Zeit, aber der Aufwand lohnt sich, wenn Sie einen saftigen, grünen Rasen haben wollen.

Ein trittfester Spielrasen.

Für einen trittfesten Spiel- und Sportrasen, auf dem man herumlaufen und sogar Fußball spielen kann, muss die Mischung mindestens 60 % Arten enthalten, die das aushalten: Deutsches Weidelgras, Wiesenrispengras, Rohr-Schwingel.

Für einen praktischen Gebrauchsrasen, der schnell benutzbar und trittfest ist, eignet sich eine Mischung mit 30–40 % des Deutschen Weidelgrases.

Für einen Zierrasen, der gut aussehen und kaum betreten werden soll, werden Arten ausgewählt, deren Blätter schmal und dicht sind: Rot-Schwingel, Straußgras.

Auf einem Gebrauchsrasen darf man ruhig herumlaufen.

Zierrasen

Für einen pflegeleichten Rasen nimmt man eher langsam wachsende Arten, damit weniger gemäht werden muss: Rot-Schwingel (horstbildend oder mit kurzen Ausläufern), Echter Schaf-Schwingel. Aber Achtung, wenn der Rasen außerdem betreten werden soll, sollte man den Schwerpunkt eher auf die Trittfestigkeit legen – alles kann man eben nicht haben …

Für einen Rasen, der wenig Wasser braucht und es recht gut verträgt, wenn er im Sommer nicht gewässert wird, müssen die Arten, die die Mischung bilden, starke Trockenheit und sogar große Hitze aushalten. Hierfür eignen sich besonders gut folgende Gräser-Arten: Rohr-Schwingel, Rot-Schwingel mit kurzen Ausläufern und Echter Schaf-Schwingel.

Besondere Mischungen

Manchmal sind spezielle Rasenmischungen gefragt. Doch die Lösungen sind nicht immer ideal und die maßgeschneiderte und richtige Pflege ist sehr wichtig für ein gesundes Rasenwachstum.

Rasen im Schatten

Den Traum vom Rasen unter Nadelbäumen (Thujahecke, allein stehende Zeder oder Kiefer) können Sie gleich begraben. Denn nicht nur, dass die Baumwurzeln nahe an der Oberfläche alles verfügbare Wasser aufnehmen, unter den Bäumen ist auch das ganze Jahr über viel zu wenig Licht. Hier gedeihen nur Bodendecker wie Efeu und Johanniskraut.
Unter Laubbäumen, die keinen zu starken Schatten verursachen, ist es möglich, Rasenmischungen auf der Grundlage von Deutschem Weidelgras, Rot-Schwingel und einer seltener verwendeten Art, dem Gewöhnlichen/Gemeinen Rispengras (*Poa trivialis*) anzulegen. Doch verlangt Rasen im Baumschatten besondere Pflege (siehe S. 59).

Rasen am Hang.

Rasen im Schatten.

Rasen am Hang

An einer nicht zu steilen Böschung (maximal 40 %, denn man denke an das Mähen!), muss die Rasenmischung einen gewissen Prozentsatz Wiesenrispengras enthalten, das durch seine Rhizome die Erde festhält.

Ein blühender Rasen: Er wird nicht mit dem Rasenmäher, sondern zweimal im Jahr mit der Sense geschnitten.

Für steilere Hänge eignen sich besser Bodendecker.

„Blühender" Rasen

Der blühende Rasen oder die blühende Wiese ist eine Mischung aus schwach wachsenden Gräsern und blühenden Pflanzen, meist Wildblumen (Margerite, Klatschmohn, Kornblume etc.). Die Pflege ist eine Sache für sich: Man mäht nicht mit dem Rasenmäher, sondern zweimal jährlich mit der Sense, wobei man den Empfehlungen des Herstellers folgen sollte, um sich nicht durch einen falschen Zeitpunkt zukünftiger Blütenpracht zu berauben. Außerdem versteht sich von selbst, dass jegliches selektive Unkrautvernichtungsmittel (das also alle Pflanzen außer Gräsern beseitigt) tabu ist.

Falsches „Gras"

Es gibt viele Pflanzen, die die Bezeichnung „Gras" in ihrem Namen tragen, aber nicht alle sind Gräser und die wenigsten von ihnen eignen sich für den Rasen, zumal sie nicht trittfest sind! So ist die Strand-Grasnelke (*Armeria maritima*) ein polsterbildender Bodendecker, andere passen gut in Steingärten oder Randbepflanzungen: z.B. das Bartgras (*Andropogon gayanus*) oder das Blaugras (*Sesleria*). Das Mastkraut (auch Stern- oder Sonnenmoos – *Sagina*) ist kein Gras, kann aber gut in Plattenfugen zum Einsatz kommen.

Mastkraut

Der Kauf des Saatguts

Wenn Sie vor dem Regal mit der Aufschrift „Rasen“ stehen, versuchen Sie, Ihre Wahl so sorgfältig wie möglich zu treffen, indem Sie auf die Handelsbezeichnung achten, vor allem aber die Packungsaufschrift lesen und sich beraten lassen.

Diese Samenmischung zeigt den Größenunterschied zwischen den Samen verschiedener Gräserarten.

Die Handelsbezeichnung

Die Wahl dieser Bezeichnung ist ganz der Freiheit des Herstellers oder Lieferanten überlassen. Im Prinzip gibt sie über die Verwendungsart Auskunft.
Man findet zum Beispiel:

- Winterharten Rasen, extra pflegeleicht
- Rasen für Spiel und Sport
- Spielrasen, stark belastbar, mit extrem dichter Narbe
- schnell oder kurz wachsenden Rasen
- Reparatur- oder Regenerationsmischungen
- Schattenrasen
- Rasen für trockenes Gelände …

SMART

Achtung: Zusammensetzung

› **Die Zusammensetzung der Samenmischung** wird auf dem grünen Etikett oder einem Aufdruck auf der Verpackung genannt, den man geradezu mit der Lupe suchen muss! Sie bezeichnet den Gewichtsanteil pro Art in Prozent. Nun ist die Anzahl der in einem Gramm enthaltenen Samenkörner aber abhängig von der jeweiligen Grasart, und folglich entspricht die angegebene Samenmenge (also die Anzahl der Pflanzen nach der Keimung) keineswegs der Prozentzahl, die auf dem Etikett steht!

Wie liest man ein Etikett?

Auf der Verpackung müssen folgende Angaben vermerkt sein:

- Nettogewicht,
- Betriebsnummer,
- Mischungsnummer,
- Kennnummer,
- Verwendungszweck,
- die Liste der **Arten** und **Sorten** sowie ihr Anteil in der Mischung.

Fehler, die sich vermeiden lassen

Vorsicht bei zu billigem Saatgut, dessen Qualität nicht immer gewährleistet ist; es trägt oft fantasievolle Handelsnamen und enthält meist landwirtschaftliche Gräser, die für den Hausgarten nicht geeignet sind.

▸ Der Preis Sicher sind billige Rasensamen verlockend. Leider bestehen sie meist aus Sorten mittelmäßiger Qualität. Sie bilden einen empfindlichen Rasen, der nach einiger Zeit kahl wird. Die Kosten für hochwertigen Rasensamen sind, auf den Quadratmeter umgerechnet, sehr gering. Es lohnt sich, etwas mehr auszugeben..

▸ Handelsbezeichnungen Die auf den Verpackungen stehenden Namen beziehen sich meist auf die Verwendung: „Spiel und Sport" zum Beispiel. Man findet aber auch Fantasienamen, von denen man sich jedoch nicht blenden lassen sollte, wie „Englischer Garten", Strapazier-Rasen, „Berliner Tiergarten". Verlassen Sie sich nicht darauf, sondern prüfen Sie stets die Zusammensetzung des Saatguts auf der Packungsrückrückseite und der Unterseite!.

▸ Rasen für warme Klimate Manche besonderen Grasarten, die man aus südlichen Urlaubsländern kennt, eignen sich ausschließlich für warme, sogar tropische Klimate. Zu ihnen gehören:

- Hundszahngras (*Cynodon*),
- Federborstengras (*Pennisetum*),
- Bahiagras (*Paspalum*),
- Büffelgras (*Stenotaphrum*),
- Zoysiagras (*Zoysia*).

Diese Arten haben die Besonderheit, dass sie in der kalten Zeit (unter 5–10°C) in Winterruhe gehen und dann eine „Strohmatte" bilden. Aber am schlimmsten ist ihre große Frostempfindlichkeit. Das Klima in Deutschland gefällt ihnen überhaupt nicht!

Tropischer Rasen im Winter – eine regelrechte „Strohmatte"!

Einen Rasen anlegen

14 Bodenbeschaffenheit, Bodenverbesserung

17 Dränage

18 Automatische Bewässerung

19 Vorbereitung des Bodens

20 Rasenansaat

22 Fertigrasen

Bodenbeschaffenheit, Bodenverbesserung

Der Rasen wird auf Oberboden angelegt, der entweder schon da ist oder dafür aufgeschüttet wird. In ihm wurzeln die Pflanzen, sie halten sich darin fest und können so eine, die gesamte Fläche bedeckende, Grasnarbe bilden; aber der Boden ist darüber hinaus ihre Nahrungsgrundlage, liefert den Gräsern also die benötigten Nährstoffe. Von seiner Beschaffenheit hängt zum großen Teil das gute Wachstum des Rasens ab. Man sollte, wenn nötig, vor der Aussaat Boden verbessernde Maßnahmen durchführen.

Bodenzusammensetzung: Physikalische Komponenten

Die Bestandteile des Bodens sind von den größten zu den kleinsten: Steine, Kies, Sand, Schluff und Ton.
Aus ihnen setzt sich der Boden in variablen Mengenanteilen zusammen. Steine, zumindest die größeren, müssen entfernt werden, denn sie stören. Und sie sind Gift für Rasenmäherklingen.
Sandige Erde ist durchlässig, was im Prinzip gut ist – aber im Sommer umfangreichere Bewässerungsmaßnahmen nötig macht. Ihre Speicherfähigkeit für Wasser und Nährstoffe sollte möglichst gesteigert werden (siehe S. 16).
Tonboden hält das Wasser lange, was ebenfalls gut ist – aber nur bis zu einem bestimmten Punkt. Bei einem Zuviel besteht die Gefahr, dass der Rasen erstickt: Die Durchlässigkeit des Bodens muss erhöht werden (siehe S. 16).

Einige Tests zum Beurteilen der Erde

Nehmen Sie einen leicht feuchten Erdballen in die Hände und versuchen Sie, ihn zwischen den Fingern zu zerkrümeln.

1. Wenn sich der Ballen sehr leicht zerkrümeln lässt, ist das ein Zeichen für eher sandige Erde (man fühlt übrigens die Sandkörnchen an den Fingern).
2. Wenn der Ballen sich relativ leicht zerkrümeln lässt, ohne zu kleben, hat man es eher mit einem Lehm zu tun, also einer Zwischenform.
3. Backt der Erdballen beim Drücken zusammen, wobei er sich deformiert oder regelrecht formbar ist, dann heißt das, dass die Erde tonig und eher undurchlässig ist.

Organische Bestandteile: Dies sind abgestorbene Pflanzenteile (auch tierische Komponenten), die sich im Boden zersetzen (Humus). Sie verleihen der Erde ihre braune bis schwarze Färbung. Eine humusreiche Erde ist gut für Gräser.

Sandboden.

Lehmboden.

Die chemischen Eigenschaften

pH-Wert oder Säuregehalt des Bodens: Jeder Gärtner weiß, dass ein kalkhaltiger, also alkalischer Boden (über pH-Wert 7) für chlorotische Rosen verantwortlich zu machen ist. Bei Rasen gibt es zwar keine Chlorose, doch fühlt auch er sich in neutralem oder leicht saurem Boden (pH-Wert zwischen 6 und 7) wohler.
Nährstoffe: Stickstoff, Phosphor, Kalium, Magnesium und Spurenelemente braucht der Rasen zum Wachsen und Gedeihen. Ihr Fehlen kann korrigiert werden: Reichern Sie den Boden vor der Anlage mit einer Grunddüngung, also Volldünger, der alle Elemente enthält, an. Stattdessen können sie auch gut zersetzten kompostierten Mist in den Boden einarbeiten. Diese Maßnahme hat den Vorteil, dass zusätzlich Humus eingebracht und so die Bodenstruktur verbessert wird.

SMART

Die Bodenanalyse

› **Mittels Analysesets** (z. B. aus Raiffeisenmärkten) lässt sich mit ein paar einfachen Handgriffen und durch Vergleich mit Farbtafeln der pH-Wert des Bodens ermitteln. Detaillierte Bodenanalysen führen die landwirtschaftlichen Untersuchungs- und Forschungsanstalten durch, die Aufschluss über sinnvolle Bodenverbesserungsmaßnahmen geben können.

Boden-verbesserungen

Sandzugabe

Besonders lehmig-toniger (schwerer, klebriger) Gartenboden wird durch einen Zusatz von Fluss- oder (besser!) Quarzsand (Körnung von höchstens 2 bis 3 mm; prüfen Sie das auf dem Sack nach!) leichter gemacht. Je nach Tonanteil sollten 30 bis 40 % Sand pro Quadratmeter Boden eingearbeitet werden. Damit sich Boden und Sand gut vermischen darf der Boden beim Einarbeiten des Sandes nicht zu feucht sein.

Torfzugabe

Wenn der Boden zu sandig ist und das Wasser nicht speichert, kann Weißtorf untergemischt werden. Die Menge des Torfs, der gut zerkrümelt sein muss, beträgt 1 bis 2 kg pro Quadratmeter. Beachten Sie aber, dass Torf aus schützenswerten Feuchtgebieten stammt und man ihn zu deren Erhaltung **besser durch Oberboden ohne Torf** ersetzen sollte, der in vielen Gärtnereien erhältlich ist, oder auch durch Komposterde.

Kalken

Ein zu saurer Boden (pH-Wert < 5,5) kann mittelfristig durch das Ausbringen von Kalk korrigiert werden (Branntkalk, Hüttenkalk ...). Die Menge richtet sich nach dem ph-Wert und liegt zwischen 100 und 400 g pro Quadratmeter. Der pH-Wert sehr alkalischer Böden (pH-Wert > 7,5) kann durch physiologisch saure Düngung (Gaben von schwefelsaurem Ammoniak) abgesenkt werden (Verbrennungsgefahr!). Erfolgreiche Korrekturen der Bodenreaktion sind aber nichts für Ungeduldige!

Auf einen Blick

Problem	Lösung
sehr toniger Boden	Zusatz von Sand
sehr sandiger Boden	Zusatz von Weißtorf oder besser Oberboden ohne Torf, auch Komposterde
sehr saurer Boden	Zusatz von Kalk
sehr alkalischer Boden	physiologisch saure Düngung
humusarmer Boden	organischer Bodenverbesserer (Oberboden, Komposterde, gut zersetzter Mist)

Organische Bodenverbesserung

Die organische Bodenverbesserung mit Humus eignet sich im Allgemeinen für alle Bodentypen. Es kommt selten vor, dass Humus zu fruchtbar ist. Man arbeitet so gleichmäßig wie möglich Humus oder Komposterde bis in eine Tiefe von etwa 10 cm in den Boden ein. Die Menge kann bis zu 2 kg pro Quadratmeter betragen.

Die Dränage

Wenn Ihr Grundstück sehr feucht ist und Regenwasser nicht gut abfließen kann, dann bedeutet dies, dass der Untergrund undurchlässig und schlecht dräniert ist. Sie müssen eine Lösung für dieses Problem finden, bevor der Rasen angelegt wird, sonst ist dieser ständig triefnass und unbenutzbar.

Ein lokales Problem

Vielleicht kennen Sie das? Wasser steht stellenweise in einer Senke, am tiefsten Punkt Ihres Grundstückes. In diesem Fall reicht es, an dieser Stelle ein 60 bis 70 cm tiefes Loch zu graben.
Den Grund des Loches füllen Sie mit einer etwa 30 cm

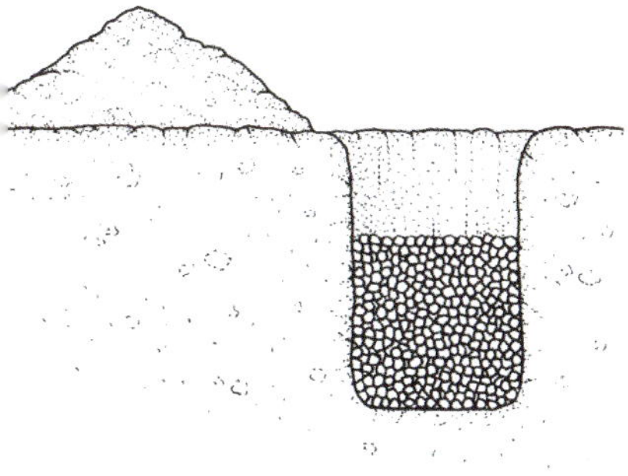

dicken Schicht Kies, darüber folgen etwa 10 cm grober Sand. Aufgefüllt wird mit Humus, der üblicherweise mit Sand verbessert wird. Diese punktuelle Dränage wird Ihr Problem beheben.

Ein allgemeines Problem

Wenn auf dem ganzen Gelände das Wasser nicht abfließt, wird die überschüssige Menge mittels geschlitzter Dränagerohre, die in Gräben verlegt werden, kanalisiert. Dazu beauftragt man am besten eine spezielle Firma, denn die Installation eines Entwässerungssystems muss die Form und die Besonderheiten des Grundstücks, das Gefälle des Geländes und die Menge und die Art des abzuleitenden Wassers (Gully, Teich, Bach) berücksichtigen.

Automatische Bewässerung

Ist es nötig, eine unterirdisch verlegte Bewässerungsanlage vorzusehen? Der Rasen braucht Wasser zum Leben, und in bestimmten Perioden des Jahres ist das Sprengen unverzichtbar – vor allem, wenn Sie möchten, dass Ihr Rasen immer schön grün bleibt. Erfahrungsgemäß lässt sich übrigens durch eine kontrollierte Bewässerung Wasser sparen, auf jeden Fall aber Wasserverschwendung vermeiden.

Bewässerungssets

Es gibt fertige Sets, die leicht auf kleinen Flächen zu installieren sind. Mittels Zeitschaltuhren (mit Anfangs- und Endzeit) ist es möglich, die Bewässerung spätabends, nachts oder frühmorgens einzuschalten. So nutzt der Rasen das gesprengte Wasser besser und der Verlust durch Verdunstung ist geringer. Und schließlich kann so auch in der Urlaubszeit weiter gewässert werden. Aber: Bei Regen oder genügend Restfeuchte im Boden, sollten Sie die automatische Regelung besser ausschalten!

Unterirdisch verlegte Beregnungsanlage

Ein kompletter Einbau für große Rasenflächen setzt voraus, dass man eine Spezialfirma damit beauftragt. Schließlich muss sich das Bewässerungsnetz nach dem Druck und der Verfügbarkeit des Wassers richten, nach der Anzahl der Regner und ihrer Reichweite. Und die Lage der Regner muss sorgfältig gewählt werden, um die gesamte Rasenfläche zu versorgen.

Vorbereitung des Bodens

Nachdem Sie Ihren Rasentyp ausgewählt und den Grundriss festgelegt haben, geht es an die Bodenvorbereitung. Sinn und Zweck dieser Maßnahme ist, den Boden zu säubern, aufzulockern und ein gutes Saatbett zu schaffen, damit die Samen gut keimen, anwachsen und einen schönen Rasen bilden können.

Entwurf des Rasens

Wenn Sie den Grundriss des Gartens entwerfen, behalten Sie stets im Kopf, dass der Rasen gemäht werden muss ... und zwar mit einem Rasenmäher. Um sich diese künftige Arbeit zu erleichtern, sehen Sie also breite Rasenflächen vor und setzen Sie Blumen- oder Strächerbeete an den Rand.

Umgraben und Bodenverbesserung

Mehrere Wochen vor der Aussaat wird umgegraben, entweder mit dem Spaten oder mit der Motorfräse.

Bei dieser Gelegenheit entfernt man so viele Steine, Wurzeln und diverse Abfälle/Fremdkörper wie möglich und bringt zugleich die geplanten Bodenverbesserungen ein (Sand, Oberboden ...) und einen Grunddünger in der vom Hersteller empfohlenen Dosierung.

Planieren

Durch das Planieren wird der Boden an kleine Mauern, Plattenwege, den Zugang usw. angeschlossen. Außerdem werden Bodenunebenheiten ausgeglichen. Überschüssige Erde entfernt man mit dem Rechen oder der Harke und füllt mit der Schaufel eventuell fehlende Erde auf. Es ist immer besser, bei trockenem Wetter zu arbeiten, wenn der Boden nicht zu nass ist.

> SMART Tipp
>
> › **Die Dicke der Erdschicht:** Die Humusschicht sollte mindestens 15 cm betragen – ideal sind 20 cm.

Stampfen und Walzen

Abschließend muss der Boden leicht gestampft werden, mit einem Brett oder besser mit einer Walze. Die Erde ist ausreichend verfestigt, wenn der Fuß keine Spur mehr hinterlässt. Das Saatbett ist nun fast fertig: Jetzt braucht nur noch leicht geharkt zu werden, um die Erde fein zu zerkrümeln. Schließlich wird der Umriss der Rasenfläche mit dem Harkenstiel markiert.

Rasenansaat

Wenn der Boden fertig vorbereitet ist, also planiert, ohne Steinchen, trittfest – dann kann es an die Aussaat gehen.

Saatzeiten

Wichtig für die Rasenaussaat ist, dass sich der Boden gut aufgewärmt hat und feucht genug ist. Bei Temperaturen unter 10 °C geht die Saat unregelmäßig auf. Säen Sie also nicht zu zeitig im Frühjahr (nicht vor April/Mai) und nicht zu spät im Herbst.
Der **Frühling** ist die beste Zeit. Der Boden ist schnell bewachsen ... aber auch das Unkraut keimt jetzt gern. Doch das meiste davon verschwindet nach dem ersten Mähen.Allerdings hat auch eine Aussaat im **Herbst** viele Vorteile, denn die Erde ist noch warm und die Nächte sind kühl und feucht. Außerdem sprießt das Unkraut in dieser Jahreszeit weniger. Doch säen Sie nicht zu spät, denn früher Frost kann die jungen Pflänzchen schädigen.

SMART

Was ist eine Grunddüngung?

› **Das ist die Gabe** eines Volldüngers, der viel Phosphor (P) und Kalium (K) enthält. Er hilft dabei, die Bewurzelung zu erleichtern und den jungen Rasen zu stärken.

Saatmenge

Je nach der gewählten Rasenmischung kann die Menge leicht variieren. Etwa 35 bis 40 g Saatgut pro Quadratmeter genügen aber auf jeden Fall.

Wie geht man vor?

Als Erstes müssen die Samen unbedingt noch einmal gemischt werden, damit eine homogene Zusammensetzung entsteht, denn in der Packung können sie sich entmischt haben.

Die ausholende „Geste des Sämanns“

Um die Samen so regelmäßig wie möglich auszustreuen, teilt man das Gelände in

beiden Richtungen in gleichmäßige Streifen von 4 bis 5 m Breite ein. Die Gesamtmenge der für die Fläche bestimmten Samen wird durch zwei geteilt.
Man streut breitwürfig die eine Hälfte in Längs- die andere in Querrichtung.

Praktisch sind kleine Streuwagen, die später beim Ausbringen des Düngers ebenfalls hilfreich sein können.

Zur Zeit der Aussaat

Die Samen werden einfach leicht untergeharkt, nicht untergegraben, es braucht also keine Erde herbeigeschafft zu werden, um sie zu bedecken.
Dann wird leicht gewalzt (mit einer Rasenwalze) oder, wenn diese fehlt, stampfen Sie die Oberfläche mit einem an einem Stiel befestigten Brett.

Erste Pflege

Meist wird nach der Aussaat gewässert, sodass der Boden um die Samen herum feucht bleibt.

Und zwar als feiner Sprühregen, damit keine verhärtete Oberflächenschicht entsteht, die die Keimlinge ersticken würde.

Wissenswertes: Säen Sie nicht zu dicht

› **Durch dichtere Aussaat** wird Ihr Rasen nicht schneller wachsen, denn beim Aufgehen können sich die Samen gegenseitig behindern.

SMART

Tipp
Randabschluss

› **Um den Rasen** an Beeträndern, Wegen und um Bäume herum ordentlich zu begrenzen, ziehen Sie eine kleine, 1 cm tiefe Rille mit dem Harkenstiel. In diese werden dann Samen gestreut und es bildet sich eine dichtere Bordüre, die schön den Rand des Rasens kennzeichnet.

Auf das Wässern kann verzichtet werden, wenn die Erde feucht genug und das Wetter nicht zu trocken ist (besonders im Herbst).
Aber wenn Sie damit anfangen, die Saat zu sprengen, müssen Sie damit fortfahren, bis die Samen vollständig aufgelaufen ist. Danach können die Beregnungsintervalle vergrößert werden.
Das erste Mähen erfolgt, wenn der Rasen etwa 10 cm Höhe erreicht. Die Klinge des Rasenmähers muss perfekt geschliffen sein. Bei diesem ersten Mähen sollte der Rasen auf 5 oder 6 cm gekürzt werden und bei den folgenden Mähgängen reduziert man dann allmählich auf die endgültige Höhe.

Fertigrasen: Grüner Garten leicht gemacht

Fertigrasen ist ideal für Ungeduldige – aber auch teurer als die Aussaat. Der Vorteil ist, dass Ihr Garten sofort „grün" ist. Aber Achtung, auch beim Fertigrasen muss der Boden sorgfältig vorbereitet werden, wenn Sie wollen, dass der Rasen dauerhaft anwächst und nicht bei der ersten Trockenheit eingeht!

Die Auswahl des Rasens

Die Rasensoden in Platten- oder Rollenform werden etwa 2 cm dick mit der Maschine geerntet beziehungsweise „abgeschält". Der Rasen wird also bereits ausgewachsen und mit einem Teil seiner Wurzeln geliefert. Bei der Lieferung müssen die Soden im Schatten gelagert und, wenn nötig, befeuchtet werden. Da sie relativ empfindlich sind und sich nicht lange lagern lassen, bereiten Sie Ihre Baustelle gut vor und zögern Sie nicht, um Hilfe zu bitten. Das Verlegen geht zu zweit schneller und leichter.

Die Vorbereitung des Bodens

Damit der Fertigrasen gut anwachsen kann, wird der Boden wie zur Ansaat vorbereitet. Eine Grunddüngung ist wichtig, denn sie soll das Anwachsen der Wur-zeln erleichtern. Für die Anschlusshöhe an Wegen berücksichtigen Sie die Dicke der Rasensoden.

Wann kann man Fertigrasen verlegen?

Dieser Rasen kann zu jeder Zeit im Jahr verlegt werden (außer bei Frost). Nur eine Regel sollten Sie unbedingt beachten: Er muss gewässert werden können.

Wie wird verlegt?

Der Boden wird gewalzt und leicht befeuchtet, dann die Soden versetzt auf Stoß gelegt.

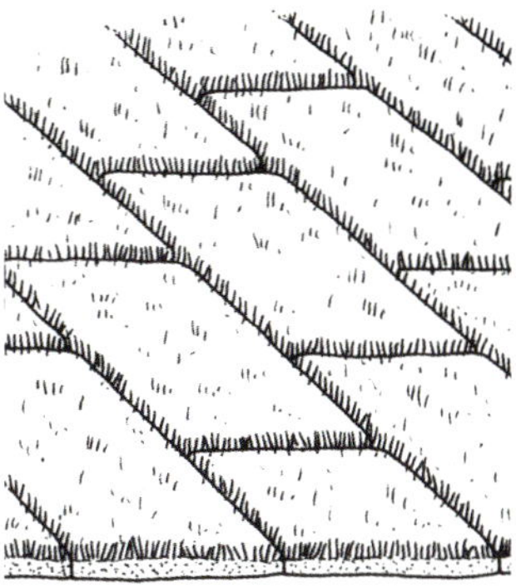

Gleich nach dem Verlegen walzen Sie den Rasen oder stampfen Sie ihn mit einem Brett fest, das an einem Stiel befestigt wurde. So entsteht ein enger Kontakt zwischen der Rasensode und dem Boden. Eventuelle Fugen können mit einer Erd-Sand-Mischung gefüllt werden. Nach dem Verlegen wässern Sie den Rasen gründlich.

***Die Rasensoden** werden auf einem wie zur Aussaat vorbereiteten Boden verlegt.*

> SMART
>
> **Ein Fehler, den man keinesfalls machen sollte**
>
> › **Da Roll- oder Fertigrasen** bei der Ernte einen großen Teil seiner Wurzeln verloren hat, muss in den ersten Wochen nach dem Verlegen auch bei „normaler“ Witterung häufig gewässert werden.

Die Pflege

Im Laufe von 2 bis 3 Wochen nach dem Verlegen ist es nötig, den Boden auf 10 bis 15 cm Tiefe feucht zu halten. Das erste Mähen findet 10 bis 20 Tage nach dem Verlegen statt, wenn der Rasen seine Höhe etwa verdoppelt hat. Vom ersten Mähen an ist der Rasen betretbar. Warten Sie jedoch 1 bis 2 Monate (je nach Wetter), ehe Sie ihn intensiver nutzen.

Rasen-pflege

26 Mähen

30 Muss Schnittgut entfernt werden?

32 Bewässern

34 Düngen

36 Belüften und Besanden

38 Vertikutieren, Topdressen, Walzen

40 Einen Golfrasen zu Hause – geht das?

Das Mähen

Vorweg müssen Sie wissen, dass es keinen Rasen gibt, den man nicht mähen muss. Darum kommen Sie also nicht herum! Alle Welt nimmt den berühmten „Englischen Rasen“ als Vorbild. Warum? Nun, die Niederschlagsverhältnisse auf den Britischen Inseln sind günstiger, aber sicher ist auch, dass der Brite seinen Rasen regelmäßig mäht und oft mit sehr guten Geräten.

Warum Mähen?

Das Ziel des Mähens ist, eine gleichmäßig dichte, homogene Grasnarbe zu bekommen. Es geht darum, die Grashalme zu kappen und im Frühling die Gräser daran zu hindern, Stängel und Blüten zu bilden (wie man es zum Beispiel beim Weizen sieht). So werden die Pflanzen stets im vegetativen Stadium gehalten, also mit grünen Blättern.

Wie oft wird gemäht?

Das hängt ab von
- den Arten und Sorten, aus denen sich der Rasen zusammensetzt,
- dem Wuchstempo,
- der Schnitthöhe.

Die Abstände zwischen den Mähgängen sind variabel; sie richten sich danach, wie der Rasen gewachsen ist

Die drei Grundregeln

- Regelmäßig mähen, mindestens einmal pro Woche.
- Beim Mähen soll nicht mehr als ein Drittel der Höhe des bestehenden

Warum soll man beim Mähen nicht mehr als ein Drittel des bestehenden Rasens abschneiden?

Der Rasen braucht, wie jede Pflanze, seine Blätter, um mittels der Photosynthese seine Energie zu bilden. Wenn man den Rasen „abrasiert“, vergilbt er, vor allem aber bremst man brutal seine Regenerationsfähigkeiten und schwächt ihn. Wird er häufig zu stark geschnitten, erschöpft er sich schließlich und wird empfindlicher, er wird kahl und kann sogar absterben. Man muss ihm also stets ausreichend Blattoberfläche lassen, damit er sich ordentlich regenerieren kann. Ganz einfach: Wenn der Rasen schön werden soll, muss er wachsen können …

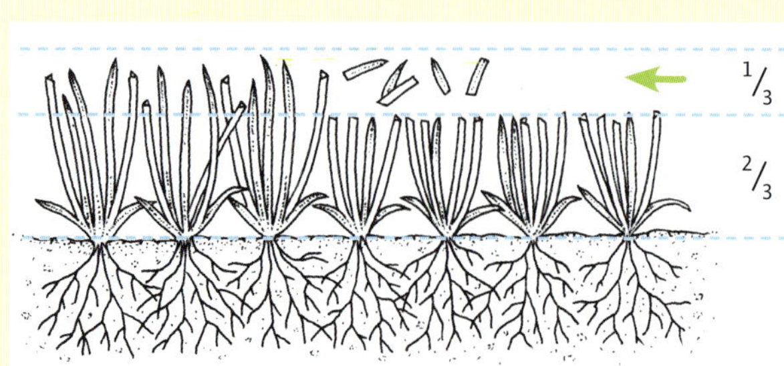

Rasens abgeschnitten werden.
- Niemals den Rasen „ins Kraut schießen“ lassen, denn das erschöpft die Pflanzen und vermindert die Dichte des Rasens.

Ein Spindelmäher ergibt eine bessere Schnittqualität, doch das Mähen ist mit handgetriebenen Geräten anstrengender.

Wie wird gemäht?

Am besten fängt man an einem Ende an und mäht in parallelen Bahnen hin und her. Spätestens dann wird klar, weshalb es wichtig ist, beim Entwurf des Grundrisses möglichst Hindernisse zu vermeiden (Beete, allein stehende Bäume ...).

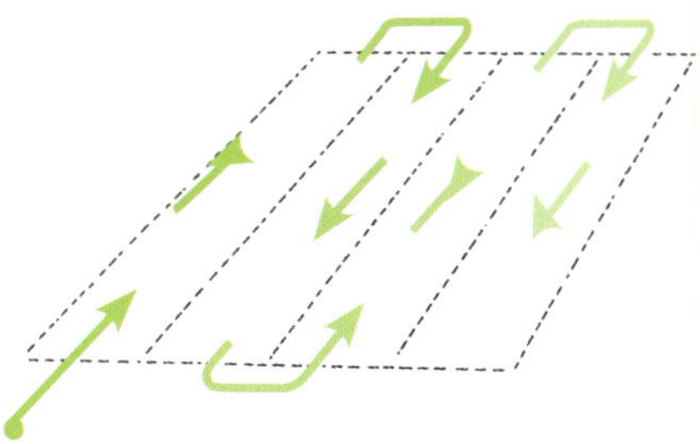

Am besten mäht man, wenn das Gras trocken ist (wenigstens vom Tau befreit). Dann geht das Mähen besser und die Räder des Mähers hinterlassen weniger Spuren..

Die Schnitthöhe

Für einen Spiel- oder Gebrauchsrasen sind 4 bis 5 cm eine gute Höhe. Einen Zierrasen kann man kürzer schneiden (2 cm), doch dann muss auch häufiger gemäht werden (durchschnittlich etwa alle drei Tage).

AUF EINEN BLICK

SCHNITTHÖHE

Rasentyp	Schnitthöhe	Mähhäufigkeit
Spiel- oder Gebrauchsrasen	4-5 cm	1 mal pro Woche
Zierrasen	2 cm	alle 3 Tage

Was tun, wenn es tagelang regnet?

Wenn Sie eine Zeitlang nicht mähen konnten, ist klar, dass Ihr Rasen höher gewachsen ist als geplant. Doch wenn Sie dann wieder mit dem Mähen anfangen, „rasieren“ Sie Ihren Rasen nicht. Das Ergebnis wird nur ein gelblicher Rasen sein, der spärlich wächst und folglich weniger Wurzeln ausbildet. Man muss also die Höhe des Rasenmähers allmählich verringern und zugleich häufiger mähen.

Sichelmäher

Der Rasenmäher

Der richtige Rasenmäher ist der, der am besten Ihren Bedürfnissen entspricht, das heißt ihrer Rasenfläche und der Rasenqualität, die sie sich wünschen. Ein anderer Punkt ist die Pflegeleichtigkeit und das Vorhandensein eines Kundendienstes im Falle einer Panne.

- Für eine kleine Fläche, die **nicht regelmäßig gemäht** wird (an einem Zweitwohnsitz zum Beispiel) braucht man eine geringe Breite, aber Leistungsstärke.
- Wenn hingegen **sehr häufig gemäht** wird und die Fläche groß ist, muss der Mäher nicht unbedingt leistungsstark sein, dafür aber breit.

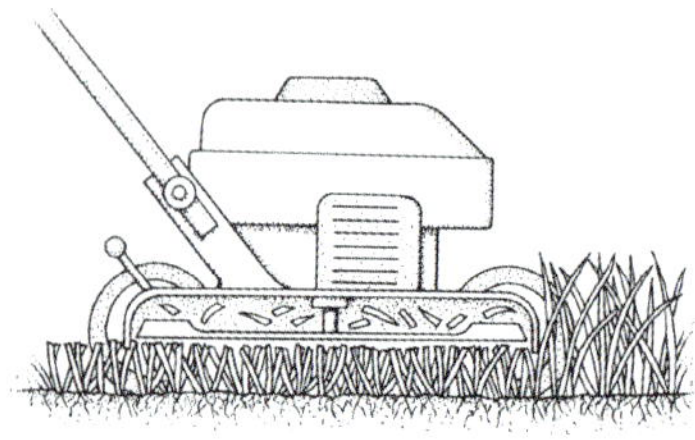

Der Sichelmäher

Der Schnitt erfolgt durch schnell rotierende Messer unter dem Schutz eines Gehäuses.

Vorteile
- einfache Mechanik und erschwinglicher Preis,
- Möglichkeit, hohes Gras zu schneiden,
- vereinfachte Pflege (Schleifen der Messer).

Nachteile
- etwas unregelmäßiger Schnitt,
- Gefahr des Ausreißens des Rasens und Schleuderns von Steinen,
- Mährückstände müssen aufgeharkt werden.

Der Spindelmäher

Die Rasenblätter werden zwischen den geschwungenen Messern der beweglichen Spindel und dem feststehenden Untermesser geschnitten – nach dem Prinzip einer Schere.

Vorteile
- Sehr gute Schnittqualität,
- Verbesserung der Rasendichte,
- genaue Einstellung und kurzer Schnitt möglich.

Nachteile
- Mähen unmöglich, wenn der Rasen zu hoch ist,
- mehr und teurere Pflege (muss über Kundendienst laufen).

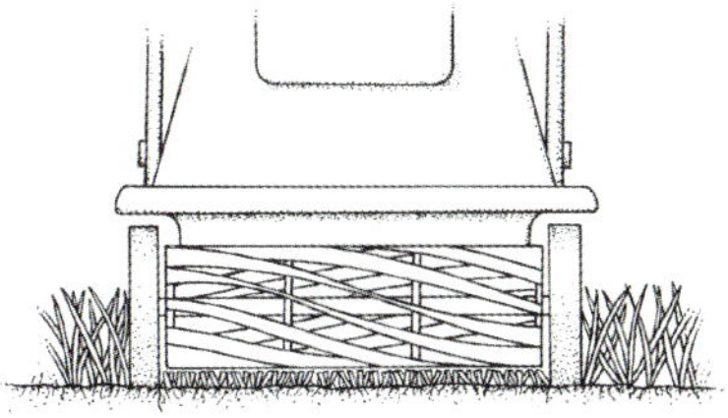

Pflege der Rasenkanten.

1 Ein Trick für die leichtere Pflege der Rasenkanten besteht darin, den Rasen mit einer Reihe aus Pflastersteinen zu begrenzen.

2 Andernfalls ist eine Rasenkantenschere hilfreich.

3 Einmal jährlich kann die Kante mit einem Rasenkantenstecher oder einem Spaten frisch gestochen werden.

SMART

Das sollte zur Regel werden:

- **Schleifen Sie die Klinge** Ihres Sichelmähers ordentlich und regelmäßig!
- **Wegen Ihres Spindelmähers** wenden Sie sich an den Kundendienst.
- **Glatt abgetrennte Blätter** heilen schnell. Wenn aber die Blattspitzen zerfetzt werden, sieht der Rasen gelblich aus und außerdem öffnen Verletzungen Krankheiten Tür und Tor!

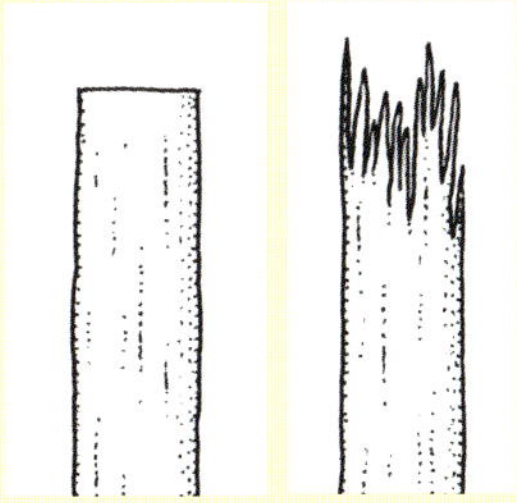

Muss Schnittgut entfernt werden?

Wenn Sie Wert auf einen schönen Rasen legen, rechen Sie Mähgut besser weg. Bleiben die abgeschnittenen Blattstücke auf dem Rasen liegen, staut sich dort Feuchtigkeit, die die Entwicklung von Krankheiten begünstigt. Außerdem verrotten Rasenblätter sehr schlecht, sodass die Schicht der Rückstände immer dicker wird. Es entsteht „Filz". Dieser macht den Rasen zwar schön weich, ist aber ab einer bestimmten Dicke schädlich.

Bei einem **Sichelmäher** sollten Sie das Schnittgut gleich nach dem Mähen zusammenrechen, denn sonst bleiben größere Grasklumpen auf dem Rasen liegen. Diese beginnen in der Regel nach kurzer Zeit zu faulen und bilden eine schmierige Schicht. Außerdem bekommt der Rasen an diesen Stellen kein Licht, sodass er sich gelb verfärbt und abstirbt. Auf einer kleinen Rasenfläche ist es kein Problem, das Schnittgut mit der Laubharke oder dem Fächerbesen zusammenzurechen und aufzusammeln. Viele Rasenmäher sind aber inzwischen auch mit einem Auffangkorb ausgestattet, in dem das Schnittgut bereits während des Mähens gesammelt wird.

Da mit einem **Spindelmäher** bereits bei geringeren Aufwuchshöhen gemäht werden muss, um einen sauberen Schnitt zu erhalten, fällt weniger und kürzeres Schnittgut an. Außerdem ist die Verteilung des Schnittguts auf der Rasenfläche gleichmäßiger. Das mühsame Zusammenrechen und Aufsammeln erübrigt sich deshalb in der Regel.

SMART

Geschätzte Menge des Schnittguts

- **Bei einem normal** und regelmäßig gemähten Rasen rechnet man 1½ Liter frischen Rasenschnitt pro Quadratmeter Fläche. Das kann aber stark variieren.

Für einen schönen Rasen rechen Sie das Schnittgut zusammen.

Was tut man mit dem Rasenschnitt?

Rasenschnitt kommt in die braune Bio-Tonne (wenn Sie eine haben), wo er in der Mischung mit gehäckseltem Astwerk schließlich auch besser kompostiert. Versuchen Sie besser nicht, selbst Kompost aus dem Inhalt des Auffangkorbes Ihres Rasenmähers zu machen: Frischer Rasenschnitt neigt zum Zusammenbacken, Faulen oder Schimmeln. Das Ergebnis erinnert mehr an ganz schlechtes Sauerkraut als an guten Humus. Getrockneter Rasenschnitt kann allerdings auf den Komposthaufen, wenn er gut mit den anderen Bestandteilen vermischt wird.

SMART

Mulchmäher

› **Es gibt** so genannte Mulchmäher. Das sind Sichelmäher, die das geschnittene Gras nicht gleich „ausspucken", sondern in feine Teile häckseln. Dadurch kann man sich das Aufrechen ersparen, muss aber häufiger mähen, wenn es wirksam sein soll.

Bewässern

Wenn Sie wollen, dass Ihr Rasen den Sommer über grün bleibt, müssen Sie wässern. Doch im Unterschied zu den Zimmerpflanzen, die längere Gießpausen nicht vertragen, kann der Rasen Wassermangel ganz gut verkraften. Wird er nicht gegossen, verwelkt er zwar und wird gelb – aber beim ersten Regen wird er sehr schnell wieder grün.

Wann wird gewässert?

Man kann mit dem Sprengen bei der ersten Trockenheit des Jahres, oft schon im März, beginnen. Im Sommer sind die Beregnungsintervalle dann sehr kurz, wohingegen ab Oktober Wässern kaum noch notwendig ist. Es ist immer besser morgens oder abends – außerhalb der heißen Tagesstunden – zu wässern, dann verdunstet weniger. Für die Pflanze ist es am sinnvollsten, wenn sie morgens Wasser bekommt.

Wie wird gewässert?

Man sollte so gründlich sprengen, dass der Boden etwa 10 cm tief angefeuchtet wird – mehr muss aber nicht sein. Das ist nachprüfbar, indem man eine Viertelstunde nach dem Sprengen mit dem Spaten ein Profil sticht.

SMART

Tiefgründig wässern

› **Es ist besser,** seltener dafür aber reichlich zu wässern, statt häufig und oberflächlich. Es lohnt sich, mindestens einmal einen Anstich nach dem Beregnen zu machen, um zu sehen wie tief das Wasser eindringt: 10 bis 12 cm sind eine optimale Tiefe.

In der Regel rechnet man bei normaler Erde 4 bis 5 Liter Wasser pro Quadratmeter. Kurzes und zu häufiges Sprengen muss unbedingt vermieden werden, denn es fördert eine oberflächliche Bewurzelung und macht den Rasen empfindlicher, auch gegenüber dem Betreten und Ausreißen. Sprengen Sie also nicht so häufig, dafür aber immer gründlich. In der Praxis ist es im Hochsommer nützlich, alle drei bis vier Tage, also zwei- bis

Schwenkregner

dreimal pro Woche zu sprengen (außer, wenn es regnet, natürlich).

Das Wasser zum Beregnen

Das Wasser muss beim Sprengen wie Regen niederfallen. Ausgehend von den Grundmodellen wie (automatischen) Versenkregnern, Kreis- oder Schwenkregnern, die man versetzt, finden wir die verschiedenartigsten Geräte für die Bewässerung. Auf kleinen Flächen können Sprühschläuche nützlich sein. Beachten Sie, dass sich mit einer automatischen Bewässerungsanlage – abgesehen von der leichten Handhabung mittels einer Zeitschaltuhr – oft auch noch Wasser sparen lässt (gleichmäßigere Verteilung, besser kontrollierte Mengen).

Widerstandsfähiger Rasen

Man kann den Rasen eine gewisse Zeit (je nach Witterung etwa vier Wochen) „dursten" lassen. Dann suchen die Wurzeln in der Tiefe die feuchteren Schichten. Der Rasen wird dank seiner kräftigeren Bewurzelung im folgenden Herbst und Winter widerstandsfähiger sein.

Düngen: Es grünt so grün ...

Haben Sie auch schon gehört, dass der Rasen zu stark wächst, wenn man ihn düngt? Dann lassen Sie es! Wenn Sie aber Wert auf einen grünen, dichten und widerstandsfähigen Rasen legen, dann sollten Sie diesen Teil der Rasenpflege nicht links liegenlassen.

Was ist Dünger?

Dünger liefert die Nährstoffe. Der Rasen braucht Stickstoff, Phosphor und Kalium als Hauptnährstoffe, dazu Sekundärnährstoffe (Magnesium, Schwefel, Calcium) und Spurenelemente.

- Stickstoff (der Buchstabe N auf den Düngerpackungen) ist für das Wachstum und ein sattes Grün der Gräser verantwortlich. Er kann in leicht löslicher Form vorliegen (Nitrat-, Ammonium-, und Harnstoff-Stickstoff (Urea) oder nach und nach abgegeben werden (z.B. Stickstoffdünger mit Isodur-N oder umhülltem Stickstoff mit Langzeitwirkung).
- Phosphor (P) fördert die Wurzelentwicklung.
- Kalium (K) stärkt die Widerstandskraft des Rasens.

Die Zusammensetzung eines Düngers wird durch drei Zahlen gekennzeichnet, die den Prozentsatz dieser drei wichtigsten Bestandteile angeben: Stickstoff (N), Phosphor (P) und Kalium (K).

Für einen saftig grünen Rasen ...

... ist das Düngen, besonders mit Stickstoff, unverzichtbar. Aber Vorsicht, schnell wirkende Dünger (Ammonium-Stickstoff) provozieren übermäßiges Wachstum und können mit dem Gießwasser ausgewaschen werden. Besser ist Langzeitdünger mit langsamer Wirksamkeit, der Wachstumsschübe vermeidet, länger wirkt und bei dem die Gefahr des Auswaschens begrenzt ist. Achten Sie aber darauf, die empfohlenen Mengen einzuhalten. Viel hilft nicht unbedingt viel ... im Gegenteil!

Die Wahl des Düngers

Bei der Auswahl eines Rasendüngers sind zwei Dinge entscheidend: zunächst seine Zusammensetzung, vor allem sein Gehalt an Stickstoff oder Kalium, dann seine Art zu wirken: schnell oder langsam.

Die Zusammensetzung

- Für einen schön anzusehenden Rasen mit kräftigen Wurzeln ist der geeignete Dünger NPK 20-5-8 oder ähnlich (stickstoffbetont). Er muss häufiger gemäht werden, aber das ist eben der Preis für einen dichten, grünen Rasen.
- Für einen Rasen, auf dem viel herumgelaufen wird (der also widerstandsfähiger sein muss), empfiehlt sich eine kaliumreiche Formel: NPK 10-5-20 oder ähnlich.
- Weniger mähen muss man, wenn weniger Stickstoff ausgebracht wird: NPK 10-5-20 oder 10-5-10

Die Wirkweise

- Schnell wirksame Dünger (zum Beispiel Ammonium-Stickstoff), mögen sich für Mais- und Weizenkulturen eignen – für Rasen tun sie es nicht. Sie verursachen Wachstumsschübe und wirken nur kurz.
- Langsam wirkende Dünger (oder Langzeitdünger) sind besonders empfehlenswert für Rasen. Ihre Wirkungsdauer erstreckt sich über drei bis vier Monate, in denen Stickstoff allmählich freigesetzt wird.

Wenn ein Rasen schön grün bleiben soll, muss er gedüngt werden.

Wie wird gedüngt?

Für einen schönen Rasen sind 3 bis 4 Düngergaben pro Jahr empfehlenswert: Im Frühjahr (März bis Mai): Der Rasen besiedelt wieder die kahl gewordenen Stellen und wird dichter.

SMART

Lieber nicht!

› **Organische Dünger,** die Mist oder Kompost enthalten, sind weniger berechenbar in ihrer Wirkung. Sie eignen sich deshalb nicht zum Düngen von Rasen.

Zwischen Juni und August hilft bei Rasenflächen, auf denen herumgelaufen wird, eine dritte Düngergabe, gut den Sommer zu überstehen. Aber düngen Sie nur, wenn der Rasen auch gewässert wird – und Sie nicht verreisen. Verteilen Sie den Dünger mit der Hand oder mit einem Streuwagen.

Im Herbst/Winter (September bis Oktober): Der Rasen kommt besser über den Winter und ist dann im Frühling schöner. Rasen mit hohen Anteilen an Rohrschwingel sollten aus diesem Grund eine Spätdüngung im November oder Anfang Dezember erhalten.

Eine gute Vorsichtsmaßnahme: Teilen Sie die Menge durch zwei und streuen Sie dann die eine Hälfte in Längs-, die andere in Querrichtung.

Belüften und Besanden

Jedes Betreten des Rasens, also auch beim Mähen, trägt zur Verdichtung des Bodens bei. Ungünstige Witterung verstärkt dies noch. Diese nicht wahrnehmbare Bodenverdichtung führt zu einer Verminderung der Durchlässigkeit für Luft und Wasser. Also muss der Boden belüftet und bei Bedarf Sand beigegeben werden.

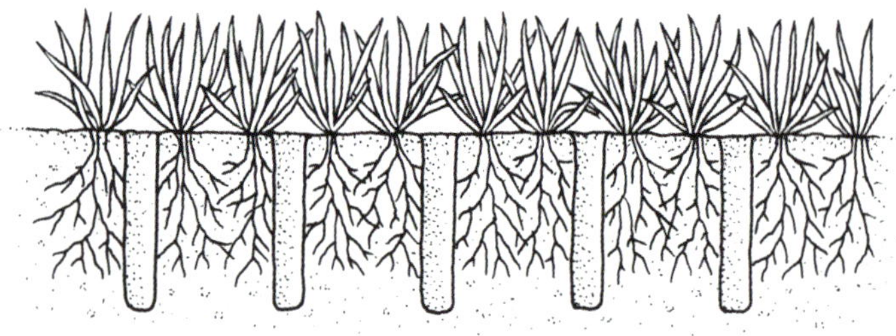

Querschnitt durch den aerifizierten Rasen.

Belüftung

Diese Maßnahme besteht darin, kleine Löcher in regelmäßigen Abständen in den Rasen zu stechen. So wird der Boden weniger kompakt, die Wurzeln bekommen wieder mehr Sauerstoff und das Wasser kann besser eindringen. Gut

Manuelles Belüftungs- oder Aerifizierungsgerät (es gibt auch motorisierte).

Zur Not geht auch die Grabegabel.

wäre es, den Rasen zweimal pro Jahr zu belüften: im Mai und im September.
Ein mechanisches Aerifiziergerät müssen Sie nicht unbedingt anschaffen, da es nicht so häufig zum Einsatz kommt. Man kann es in manchen Gartenbaumärkten auch ausleihen.
Eine Igelwalze, Nagelschuhe oder Stachelsohlen, die man unter die Schuhe schnallt, stechen Löcher, aber sehr unregelmäßig.
Die Grabegabel kann mangels anderer Geräte bei relativ kleinen Flächen zum Einsatz kommen. Man sticht sie in den Boden und bewegt dann den Stiel leicht abwärts.

SMART

Welchen Sand verwenden?

- **Der Sand** muss sauber sein und runde Körner haben (Flusssand oder Quarzsand). Wichtig ist auch die Größe der Körner (die Körnung): In diesem Fall dürfen die größten **höchstens 3 mm** groß sein. Wenn möglich, wählen Sie kalkfreien Sand, auf keinen Fall Meersand (wegen des Salzes).

Der verteilte Sand wird in die Löcher eingearbeitet.

Besanden

Nach der Belüftung wird Sand verteilt, und zwar 2 bis 3 Liter pro Quadratmeter. Man fegt ihn mit einem Nylonschrubber in die geschaffenen Löcher, sodass sich die Wurzeln besser entwickeln können.

Vertikutieren, Topdressen, Walzen

Diese Pflegemaßnahmen erfolgen zwar nur gelegentlich, sind aber sehr nützlich.

Vertikutieren

Die toten Teile des Rasens, nicht entfernte Rückstände … und der Rasen selbst je nach Art der Gräser bilden eine Oberflächenschicht aus organischem Material, die immer dicker wird: den „Filz“. Diese Filzschicht sollte sich normalerweise allmählich zersetzen. Manchmal allerdings kommt es dazu, dass die Schicht zu dick wird. Die Wurzeln des Rasens bleiben an der Oberfläche stecken, wodurch der Rasen empfindlich wird. Das Heilmittel besteht nun darin, den Rasen zu vertikutieren, also den Filz mittels senkrechter Klingen, die hindurchgezogen werden, zu entfernen (Vertikutieren bedeutet „vertikal schneiden“). Es gibt dafür spezielle Geräte, die sehr wirksame Arbeit leisten. Wenn die Fläche nicht zu groß ist und Sie sich körperlich in der Lage sehen, lässt sich diese sehr oberflächliche Belüftung gut mit dem Handvertikutierer erledigen. Modelle mit Rollen (Vertikutier-Roller) erleichtern die Arbeit. Einmal im Jahr wird vertikutiert, wenn der Rasen in vollem Wachstum begriffen ist (von Mai bis September). Am besten eignet sich das Frühjahr; Hitzeperioden sollten Sie meiden.

Zu dicke Filzschicht

Das motorbetriebene Vertikutiergerät empfiehlt sich bei großen Flächen.

Topdressen

Diese Maßnahme ist bei der Pflege von Sportplätzen und Golfplätzen üblich und wird von vielen Gärtnern auch für den Hausrasen empfohlen. Sie besteht darin, eine dünne (etwa 1cm), gleichmäßige Schicht Oberboden, Substrat oder auch

Sand (Besanden) aufzubringen und sie dann leicht einzubürsten oder einzurechen. Mit dieser Maßnahme, die häufig im Frühjahr durchgeführt wird, werden unterschiedliche Ziele verfolgt. Zu den wichtigsten gehört das Ausgleichen geringfügiger Unebenheiten im Rasen, die einen gleichmäßigen Schnitt beinträchtigen würden sowie das Abmagern (beim Topdressen mit Sand) verfilzter Grasnarben. Das Topdressen mit Sand, das sogenannte Besanden, beschleunigt den Filzabbau und erhöht die Belastbarkeit des Rasens. In der Regel ist diese Maßnahme beim Hausrasen nicht dringend erforderlich, kann im Einzelfall aber hilfreich sein – entscheiden Sie selbst!

Ein Handvertikutierer kommt auf kleinen Flächen zum Einsatz.

Walzen

Wenn Sie eine Rasenwalze besitzen, können Sie sie im Frühjahr einsetzen, vor allem, wenn der Winter streng war. Durch das Walzen der Rasenfläche wird der Kontakt der Wurzeln mit der Erde enger und der Rasen wird dichter. Das Walzen erfolgt bei trockenem Wetter und nicht zu feuchtem Boden. Ansonsten besteht die große Gefahr, dass der Boden verdichtet wird und dadurch weniger durchlässig ist. Das hätte zur Folge, dass die Wurzeln zu wenig Sauerstoff bekommen und ersticken.

SMART

Wo das Ausbringen von Oberboden nützlich ist

› **Wenn Ihr Rasen** stellenweise etwas kahl ist oder nicht sehr dicht wächst, können Sie Rasensamen mit einer Mischung aus gleichen Teilen Oberboden und Sand ausstreuen. Das hilft, die Feuchtigkeit um das Saatgut zu bewahren und seine Keimung zu fördern.

Einen Golfrasen zu Hause – geht das?

Sie wollen einen ganz zarten, schönen Rasen? Einen regelrechten Rasenteppich aus Gras? Dann müssen Sie sich die Pflege bei den Greenkeepern* abschauen! Das geht – bei entsprechendem Einsatz. Denn solch ein Rasen erfordert ganz besondere und äußerst aufwendige Pflegearbeiten! * Verantwortlicher für die Pflege eine Golfplatzes

Ein Golfrasen wird auf 5–10 mm geschnitten; professionelles Golfgrün auf 2,5–4 mm.

Die Anlage

Der Boden

Je sandiger der Boden ist, desto besser „grünt" Ihr Rasen.
Das Substrat besteht also aus einer Mischung aus Oberboden mit Humusanteil und viel Sand. Diese Mischung wird auf einem durchlässigen oder dränierten Untergrund ausgebracht.

Die automatische Bewässerung

Da der Boden sehr durchlässig ist, ist der Einbau einer automatischen Bewässerungsanlage zur Erhaltung eines solchen Rasens unverzichtbar.

Der Rasen

Für einen dichten Rasen, der häufig und kurz gemäht werden kann, stehen nur zwei Lösungen zur Verfügung:
Ausläuferbildendes Straußgras, das sehr wüchsig und durchsetzungsfähig ist und eine gleichmäßige, sehr ästhetische Grasnarbe ergibt, oder
die **Verbindung zwischen Rot-Schwingel (90 %) und Gemeinem/Rotem Straußgras** (*Agrostis tenuis*; 10 %), die winterhärter ist, aber etwas weniger perfekt aussieht.

Diese Rasenflächen vertragen es nicht gut, wenn man darauf herumläuft.
Da die Samen winzig sind, sind es die Saatmengen ebenfalls: 4 g/m² bei ausläuferbildendem Straußgras und 10 g/m² bei der Mischung. Die Aussaat wird erleichtert, wenn man die Samen mit einem Füllmaterial (feinem Sand oder Sägespänen) mischt.

Mäher für Golfrasen.

Die automatische Bewässerung ist unverzichtbar für einen perfekten „Golfrasen“.

Die laufende Pflege

Gemäht wird mit einem Spindelmäher, der gut eingestellt und geschliffen ist. Dieser Rasentyp wird mindestens dreimal wöchentlich geschnitten (5 bis 10 mm), und die Mährückstände werden entfernt.
Bewässert werden kann rationell mit einer Zeitschaltuhr (was außerdem das nächtliche Beregnen ermöglicht).
Das **Düngen** verlangt viel Aufmerksamkeit, denn dieser Rasen ist anspruchsvoll. Man verwendet 6 bis 7 mal im Jahr langsam wirkenden Langzeitdünger in geringer Dosis.
Belüftet und anschließend besandet wird zweimal pro Jahr, um das Verdichten durch das häufige Befahren auszugleichen.
Vertikutieren ist bei solch einem Rasen Pflicht.

Probleme

Das Auftreten von **Kranheiten** lässt manchen Besitzer eines Zierrasens verzweifeln. Die meisten Krankheiten werden jedoch selten zu einem ernsten Problem. Beobachten Sie die Symptome und kontaktieren Sie Ihren Gärtner, wenn die befallenen Stellen eine kritische Größe erreicht haben.
Auch **Schadinsekten**, die im Boden leben wie Wiesenschnaken-Larven und Engerlinge können Schäden am Rasen anrichten – insbesondere, wenn Vögel Jagd auf sie machen.
Unkraut ist in der Regel im neuangelegten Rasen kaum ein Problem. Mit der Zeit wandern jedoch immer mehr Arten ein, die das Aussehen des Rasens stören können. Die Schad- oder Toleranzschwelle muss jedoch jeder für sich selbst festlegen.
Wenn diese etwas „apokalyptischen“ Aussichten Sie nicht abschrecken, dann lassen Sie sich nicht aufhalten. Zum Trost sei an ein englisches Sprichwort erinnert, das besagt, dass ein „Greenkeeper“ sofort ins Paradies kommt, weil er ja seinen Anteil an der Hölle schon auf Erden gehabt hat.

Problemlösungen

44 Laub, Unkraut, Moos

49 Krankheiten und „Tierische“ Probleme

56 Ferienzeit: Rasen alleine zuhaus ...

57 Trockenheit, Kälte, Frost und Schnee

59 Rasen unter Bäumen

60 Die Rettung eines Rasens

62 Völlige Erneuerung eines Rasens

Rasen abrechen, Laub beseitigen …

Ein Rasen verschmutzt, der Jahreszeit entsprechend mehr oder weniger, vor allem mit Pflanzenresten, Laub und Stängeln aus Blumenbeeten und von Sträuchern und Bäumen. Das kann seine Entwicklung hemmen und lässt ihn vernachlässigt aussehen. Doch vor allem im Herbst und am Winteranfang besteht die Gefahr, dass das Laub von den Bäumen dem Rasen Probleme bereitet.

Das Rechen

Liegengebliebene Mährückstände und Laub werden entfernt, entweder mit einem Fächerbesen (Laubharke) oder mit einem Besen. Es gibt sogar für große Flächen Rasenkehrmaschinen, die per Hand geschoben oder hinter einem Mäher hergezogen werden. Die Säuberung des Rasens geschieht nach Bedarf. Beim herbstlichen Laubfall hingegen muss im Oktober und November systematisch ein- bis zweimal pro Woche das Laub zusammengerecht werden.

SMART

Warum schadet Laub dem Rasen?

› **Wenn Laub** auf dem Rasen liegen bleibt, besteht die Gefahr, dass sich die Rasenpflanzen durch Lichtmangel gelb verfärben. Außerdem hält Laub die Feuchtigkeit fest, wodurch ein besonders günstiges Milieu für die Entwicklung von Moos und Krankheiten entsteht.

Unkraut

Unkräuter sind im Rasen normalerweise unerwünscht, da sie sein Aussehen verändern und das Wachstum der Gräser beeinträchtigen.
Gegen Unkräuter kann man vorbeugend Maßnahmen ergreifen (damit sie gar nicht erst auftreten) oder Sie bekämpfen, wenn sie bereits da sind etwa durch selektive Unkrautbekämpfungsmittel, sogenannte Herbizide.

Die wichtigsten Unkräuter

LÖWENZAHN

Dies ist eine mehrjährige Pflanze, deren Wurzel sich sehr leicht regeneriert und immer wieder neu austreibt. Der Löwenzahn sät sich aber auch mühelos aus – wenn man ihn Samen bilden lässt, die der Wind fortträgt. Die charakteristischen gelben Blüten erscheinen von April bis September.
Löwenzahn liebt fruchtbare Böden.
Wenn man ihn loswerden will, muss man dies tun, bevor er blüht und darf ihn vor allem keine Samen bilden lassen.

WEISS-KLEE

Diese mehrjährige Pflanze ist sehr lästig, denn sie verbreitet sich durch ihre kriechenden Triebe, die sich nach und nach bewurzeln. Sie bringt von Mai bis September Büschel kleiner weißer Blüten hervor. Der Weiß-Klee mag vor allem lehmige Böden und macht den Rasen rutschig.

GÄNSEBLÜMCHEN

Jeder kennt sie gut, diese mehrjährige krautige Pflanze aus der Familie der Korbblütler mit den typischen weißen Zungenblüten. Gänseblümchen kommen sehr häufig in recht lehmigen und eher feuchten Böden vor. Sie blühen beinahe das ganze Jahr über (März bis November) und wer sie loswerden möchte, braucht Ausdauer.

DISTELN

Es gibt mehrere Arten, die häufigste ist aber die Acker-Kratzdistel. Diese mehrjährige Pflanze mit den stachligen Blättern verbreitet sich sehr leicht durch das kleinste Stückchen ihrer dicken Wurzel und durch ihre Rhizome, aber auch durch ihre Samen (wenn man sie lässt!). Sie blüht von Juli bis Oktober in lila angehauchtem Rosa und mag alle Bodenarten.

KRIECHENDER HAHNENFUSS

Auch als „Butterblume“ bekannt, wächst diese mehrjährige Pflanze in feuchten Lehmböden.
Sie breitet sich leicht durch ihre Ausläufer (auf dem Boden kriechende Triebe) aus und kann sehr schnell einen Rasen überwuchern.

VOGELMIERE

Diese einjährige Pflanze mit kleinen ovalen Blättern entwickelt sich eher in Böden mit feuchter Oberfläche (zum Beispiel oberflächlich gewässertem Rasen ...). Sie liegt dicht am Boden und verbreitet sich durch Triebe, die nach und nach Wurzeln schlagen.
Sie bringt fast das ganze Jahr über kleine weiße Blüten hervor.

Vorsorge

Ein gut gepflegter Rasen wird weniger leicht von Unkraut überwuchert. Empfehlenswert ist also:
- den Rasen gut mit ausgewogenem Dünger zu versorgen,
- auf ausreichend Bewässerung achten,
- so regelmäßig wie möglich zu mähen.

Mit Chemie gegen das Unkraut

Wenn Sie Ihren Rasen mit Hilfe der Chemie vom Unkraut befreien wollen, bedenken Sie, dass dies nur bei zweikeimblättrigen Pflanzen (Dikotyledonen), also Unkräutern, die keine Gräser (einkeimblättrige Pflanzen oder Monokotyledonen) sind, so leicht funktioniert. Die Quecke zum Beispiel ist ein Gras, verschwindet also nicht mit selektiven Unkrautvernichtungsmitteln (siehe S. 48).

Das Handwerkszeug

Sie haben einen Zerstäuber mit einer passenden (flachen) Düse. Dann wählen Sie ein selektives Unkrautvernichtungsmittel, das durch Sprühen aufgebracht wird.
Es ist nicht ratsam, es mit einer Gießkanne mit feiner Brause zu verteilen. Wenn Sie kein Spritzgerät haben, können Sie Unkrautvernichtungsmittel oder Dünger verwenden, die als Granulat ausgestreut und anschließend begossen werden.

Die Zeit

Meist ist es wünschenswert, im Frühjahr zu behandeln. Doch im Herbst sind manche Rosettenpflanzen, wie Gänseblümchen und Löwenzahn, besonders empfindlich.

Das Mittel

Selektive Rasen-Unkrautvernichtungsmittel beseitigen zweikeimblättrige Pflanzen (das Unkraut), lassen jedoch Gräser (den Rasen) leben. Lesen Sie das Etikett gut durch und halten Sie die Dosierung und die empfohlenen Vorsichtmaßnahmen des Herstellers ein. Beachten Sie außerdem die aktuelle Zulassungssituation.

Die Behandlung

Wenn Sie in den folgenden Stunden mit Regen rechnen oder es windig ist, verzichten Sie auf eine Sprühbehandlung.
Für eine gute Wirksamkeit muss die Temperatur über 10 bis 12 °C betragen, behandeln Sie aber nicht, wenn es zu warm (über 25 °C) ist.

Der Fall Quecke …

Die Quecke (*Elymus repens*) ist ein weitverbreitetes mehrjähriges Gras, das unterirdische Kriechtriebe bildet. Diese in ehemals landwirtschaftlich genutzten Böden häufig vorkommende Art vermehrt sich durch ihre Rhizome oder kleine Sprossstücke. Sie fällt im Rasen durch vereinzelte, schlaff gedrehte, blaugrüne Blätter auf, die sich nur sehr schlecht Mähen lassen. Da sie aber zu den Gräsern gehört wie die erwünschten Arten in unserem Rasen, kann man sie chemisch nicht bekämpfen, ohne den übrigen Rasen zu schädigen.
Wenn man sie dauerhaft loswerden will, hilft nur, alles neu anzulegen, also:
- Ein Totalherbizid mit einem Wirkstoff gegen Quecken zu verwenden, um diese mit Stumpf und Stiel auszurotten und nicht den geringsten Rest im Boden zu lassen. Wählen Sie ein systemisches Kontaktherbizid mit kurzer Wirkdauer.
- 2 bis 3 Wochen abzuwarten, damit das Mittel tiefgreifend wirkt.
- Das Saatbett vorzubereiten und neu auszusäen.

Moos

Moos ist meist ein Zeichen für nährstoffarmen, zu feuchten Boden. Es kann auftreten, wenn der Rasen im Schatten liegt, der Boden lehmig oder verdichtet ist und zu lange zu viel Wasser speichert. Auch zu saurer Boden, mangelnde Pflege und Düngung können dafür verantwortlich sein. Die Rasengräser werden überwuchert und ersticken.

Vorbeugende Maßnahmen

Am sinnvollsten ist es, die Gründe für das Erscheinen von Moos zu beseitigen. Solche Maßnahmen werden jedoch selten durchgeführt, da sie recht umständlich sind. Man muss die Gründe analysieren und die nötigen Arbeiten durchführen:

- das Gelände dränieren
- den Boden belüften und besanden
- den pH-Wert korrigieren
- Schatten, wenn möglich, beseitigen
- den Rasen entfilzen
- regelmäßig Düngen

Beseitigung des Mooses

Moos wird vernichtet, indem man einen Moosvernichter oder einen damit angereicherten Dünger in der angegebenen Dosierung aufträgt. Wenn das Mittel gut wirkt, wird das Moos braun. Nun muss es mit der Harke entfernt werden. Dann streut man am besten auf die leeren Stellen Rasensamen, vermischt mit Erde und Sand. Aber Achtung, das Moos wird immer wieder auftreten, wenn die Ursachen nicht grundlegend beseitigt werden.

SMART

Rostflecken

› **Beachten Sie** die Zusammensetzung des Moosvernichters und lesen Sie die Packungsaufschrift. Manche Mittel enthalten Eisensulfat und hinterlassen auf allen Stein- oder Zementmaterialien unlösliche Rostflecken. Es gibt Moosvernichter, die nicht diesen Nachteil haben.

Krankheiten

Wenn Ihr Rasen gelbe bis bräunliche, rosa oder weiße Flecken in mehr oder weniger regelmäßigen Formen aufweist, kann es sein, dass er von Pilzen befallen ist. Diese Pilze können in manchen Fällen so umfangreiche Schäden hervorrufen, dass der Rasen Gefahr läuft, vollständig einzugehen. Allerdings sind solche Krankheiten bei Gebrauchs- und Zierrasen selten. Meist erscheinen sie bei geschwächtem Rasen, der es zu feucht hat.

Die Ursachen

Die Krankheiten werden durch folgende Faktoren begünstigt:

- zu hohe Luftfeuchtigkeit, besonders in Nebelperioden, bei Tau und im Sommer, wenn zu viel gewässert wird
- mehrere Tage auf dem Rasen liegenbleibenden Schnee
- schlecht gemähten Rasen, das heißt mit ungeschliffenen Messern, die die Blätter zerreißen
- „Unterernährung" – also fehlende oder unausgewogene Düngung der Rasenfläche

Außerdem ist es immer ratsam, die Gartengeräte und den Mäher nach der Nutzung gut zu reinigen, denn verrottende Abfälle bilden ein günstiges Milieu für krankheitserregende Pilze.

Der Kampf gegen die Krankheiten

Harmlose Krankheiten also Rotspitzigkeit, Rost, Echter Mehltau oder die Blattfleckenkrankheit kann man in Kauf nehmen. Mit einer gezielten (nicht zu hohen) Düngergabe kommt der Rasen wieder ins Gleichgewicht.

Schlimme Krankheiten
Die durch *Phythium* verursachte Wurzelfäule kann zu großen Schäden im Rasen, bis hin zum Absterben ganzer Flächen (vor allem Neuansaaten) führen.

Wie eine Krankheit aussehen kann

Nicht jeder gelbe Fleck auf dem Rasen ist unbedingt eine Krankheit. Wenn er deutlich begrenzt ist, kann es sich um den Urin eines Tieres handeln, um eine Verbrennung aufgrund einer Handvoll Dünger oder eines Lecks im Rasenmäher.
Diffusere Flecken sind vielleicht ein Zeichen für Trockenheit oder Düngermangel …

Krankheiten

ROTSPITZIGKEIT

Diese Krankheit ist am leichtesten zu erkennen: Kleine rosa bis rote Fäden erscheinen in Form von Flecken oder versprengt auf den Blättern. Wenn die Krankheit schlimm ist, kann der Rasen rosa aussehen. Man findet sie bei vielen Rasenarten und in jeder Jahreszeit, außer bei lang andauerndem Frost.

ROST

Kleine gelbe oder orangefarbene Pusteln sitzen an der Blattoberseite. In der Wachstumszeit (Sommer bis Herbst) tönt sich der Rasen orangegelb, auf den Schuhen setzt sich Staub in derselben Farbe ab. Rost tritt häufig bei Wiesenrispengras auf.

ECHTER MEHLTAU

Diese Krankheit kennen Gärtner gut von den Rosen. Auf den Blattoberseiten erscheinen weißliche, pulvrige Flecken, die leicht zu erkennen sind. Begünstigt werden sie durch Lichtmangel (Rasen im Schatten, bedeckter Himmel) und verminderte Luftzirkulation (Rasen in einem Innenhof).

Ein Fall für sich: Hexenringe

Man sieht auf dem Rasen einen grünen Ring auftauchen, der im Laufe der Jahre größer werden kann. Dabei handelt es sich um einen Pilz, der etwa 10 cm tief im Boden lebt. Dadurch, dass dieser Pilz den Humus des Bodens zersetzt, werden vermehrt Nährstoffe freigesetzt und der Rasen grünt an diesen Stellen kräftiger. Allerdings kommt es vor, dass in Hitzeperioden der Rasen kreisförmig austrocknet. Auch verschiedene kleine Hut- oder Ständerpilze können auftauchen. Man wird sie nur schwer wieder los, denn dazu müsste man das Pilzmyzel beseitigen, das sich tief im Boden befindet, aber es ist vergeblich die Erde um den Kreis herum auszuheben.

BLATTFLECKEN

Auf den Blättern erscheinen ovale dunkelbraune Flecken mit hellerer Mitte. Bei starkem Befall verringert sich die Narbendichte des Rasens durch abgestorbene Pflanzen. Diese Krankheit kommt häufig bei geschwächtem Rasen vor und tritt vor allem nach unausgewogenen hohen Stickstoffgaben und bei hoher Luftfeuchtigkeit auf.

WURZELFÄULE (*PHYTHIUM*-FÄULE)

Diese Krankheit tritt bei warmem, feuchtem (gewittrigem) Wetter auf. Sie zeigt sich in Flecken, die rasch größer werden und sich, wenn die Witterung unverändert bleibt, auf dem ganzen Rasen verbreiten. Diese ernste Erkrankung kann zum völligen Eingehen des Rasens führen.

SCHNEESCHIMMEL

Diese Krankheit entwickelt sich vor allem auf feinem, kurz geschnittenem Rasen. Sie tritt häufig im Winter und Frühjahr auf, wenn der Rasen schneebedeckt ist. Der Rasen überzieht sich mit runden Flecken (10 bis 20 cm Durchmesser), die weiß bis blassrosa sind, einen grünen Rand haben und einen Mittelpunkt, der wieder grün wird.

Achtung! Verbrennen durch Dünger

Wenn Dünger in zu hoher Dosierung ausgebracht wird, „verbrennt" er den Rasen. Das kann passieren, wenn beim Verteilen in Längs- und Querrichtung die Dosis stellenweise doppelt ausfällt. Die Gefahr ist bei Langzeitdünger geringer als bei schnell wirkendem.

Nicht vergessen!

- **Krankheiten** erscheinen meist an geschwächtem Rasen. Bei Gebrauchsrasen genügen vorbeugende Maßnahmen, um größere Schäden zu verhindern. Dazu gehören ausreichende Luftbewegung und die Vermeidung langanhaltender Feuchtigkeit. Wichtig sind eine ausgewogene Düngung und Licht.

„Tierische" Probleme

Der Rasen kann durch sehr unterschiedliche Tiere geschädigt werden, und zwar zur Zeit der Aussaat oder auch nach dem Anwachsen. Andererseits sind manche Tiere zwar unschädlich für den Rasen, stören aber die Menschen. Der größte „Schädling" für Ihren Rasen ist aber (je nach seiner Größe und Bewegungsfreiheit) unser bester Freund: der Hund.

Schädlinge

ENGERLINGE
Es handelt sich hier um die Mai- und Junikäferlarven. Ihr Leben im Boden stellt einen dreijährigen Zyklus dar. Vom zweiten Jahr an werden Engerlinge schädlich, indem sie die Wurzeln des Rasens fressen. Die Schäden sind besonders bei trockenem Wetter sichtbar. Oft erfolgt auch eine Gänseblümchen-Invasion.
Bekämpfung: Absammeln der Engerlinge – der Gebrauch von Insektiziden ist nicht erlaubt. Reichliches wässern aber mildert die Symptome.

WIESENSCHNAKEN-LARVEN
Das ausgewachsene Tier ist die Wiesen- oder Sumpfschnake. Ihre 3 bis 4 cm langen Larven sind grau und ernähren sich von Gräserwurzeln und den untersten Blättern. Am schlimmsten sind die Schäden im März oder April, vor allem an feuchten Stellen oder wenn es viel geregnet hat.
Bekämpfung: Versuchen Sie Eiablage fördernde Bedingungen zu vermeiden: Rasen kurz und nicht zu feucht halten und häufig betreten. „Fertigen" Larven abgesammeln.

HAARMÜCKENLARVEN können ebenfalls dem Rasen schaden, da sie Wurzeln und Blätter fressen.
Bekämpfung: Sie werden am sinnvollsten frühmorgens oder abends eingesammelt, wenn sie schon größer sind. Natürliche Bekämpfungsmittel gib es hier nicht, aber sie richten auch kaum großen Schaden an.

Lästige Tiere

MAULWURF

Er ist kein Feind des Rasens, denn dieses kleine Säugetier ernährt sich von den Larven und Insekten im Boden sowie von Regenwürmern. Aber leider stören Maulwurfshaufen auf dem Rasen! Sie sehen nicht schön aus und behindern das Mähen. Die Anzahl der Haufen auf einem Grundstück sagt übrigens nicht viel aus über die Zahl der vorhandenen Maulwürfe.

Abwehr: Maulwürfe sind geschützt, also müssen wir uns damit begnügen zu versuchen, sie zu vertreiben! „Rezepte" dafür gibt es viele ... Die „Windmusik" aus bis zum Hals eingegrabenen Flaschen oder stark riechende Produkte aus dem Handel (duftgetränkte Kugeln, mit pflanzlichen Ölen getränkte Holzstäbchen) – probieren Sie, was Ihre Maulwürfe am wenigsten mögen!

KLEINE NAGER

Mehrere Arten kleiner Säugetiere können Schäden anrichten oder einfach stören. Die häufigsten sind Feld- und Schermäuse (Wühlmäuse). Sie graben Gänge und fressen Wurzeln und grüne Pflanzenteile.

Bekämpfung: Das Gras kurz halten (sie brauchen Deckung!) und Kastenfallen mit Ködern dicht vor dem Wühlmausgang aufstellen. Auf vergiftete Köder sollte im Hausgarten verzichtet werden.

Lästige Tiere

REGENWÜRMER

Sie sind sehr nützlich für den Boden, denn sie tragen zur Bildung von Humus bei und belüften die Erde. Doch wenn sie zu zahlreich auftreten, können die Erdhäufchen, die sie an der Oberfläche aufwerfen, stören (das Gelände wird rutschig, Schuhe und Bälle sind verdreckt).

Abwehr: Da kann man nicht viel machen, außer rechtzeitig ihre Nahrungsquelle „abzugraben", indem man Mähgut entfernt. Belüften und Besanden senken die Bodenfeuchtigkeit und tragen dadurch dazu bei, die Zahl der Regenwürmer zu reduzieren.

VÖGEL

Sie richten Schaden an, weil sie entweder die Samen fressen, die Sie gerade gesät haben, oder den Boden auf der Suche nach Larven umgraben. Die größten Schäden werden durch Raben oder Krähen angerichtet, die einen Rasen völlig aufwühlen können, wenn viele Engerlinge locken.

Abwehr: Abgesehen von Vogelscheuchen, deren Wirksamkeit zweifelhaft ist, kann über kleinen Flächen vorübergehend ein Netz gespannt werden, um die Saat vor gefräßigen Vögeln zu schützen.

Unangenehme Tiere

HERBSTGRAS- ODER ERNTEMILBEN

Dabei handelt es sich um winzige orangerote Milben, die sich im Rasen einnisten. Sie tun dem Rasen nichts, sind aber ein Parasit für den Menschen. Wenn sie massenhaft auftreten, stellen sie im Sommer eine beträchtliche Störung dar. Ihre Larve, die nur 0,2 mm groß ist, sticht am Haaransatz und ruft eine Hautentzündung hervor. Im Juli, August und bis Anfang September kommen Stiche häufig vor, aber eher in feuchten Schattenbereichen des Rasens.

Abwehr: Die beste Methode ist, sich mit Kleidung zu schützen, vor allem an den Beinen, oder Abwehrmittel zu verwenden.

AMEISEN

Es gibt über hundert Ameisenarten, von denen sich manche gern im Rasen ansiedeln. Sie sind eigentlich keine Schädlinge, können aber Samen nach der Aussaat fressen. Wenn sie zu massenhaft auftreten, sind sie mitunter auch sehr lästig.
Abwehr: Sie sind schwer zu vertreiben. Helfen können Pflanzen, die die Tiere meiden, dazu gehören Lavendel- oder Wermutjauche. Nur wenn diese nützlichen Tierchen ernsthaft stören, kann ein (lokales!) Eingreifen mit einem Insektizid oder speziellen Fallen sinnvoll sein.

Und die Haustiere?

Wenn Sie Ihrem Hund gestatten, sich in Ihrem Garten auszutoben, hängt der Zustand Ihres Rasens von der Größe und dem Temperament Ihres Tieres ab. Oft genug läuft der Rasen Gefahr zu verkahlen und sich im Extremfall in ein Schlachtfeld zu verwandeln, vor allem, wenn die Fläche klein ist.
Und dann ... Urin von Hund und Katz' ist tödlich für den Rasen. Er führt zu verbrannten Flecken. Also muss Herrchen wohl dafür sorgen, dass das Tier richtig erzogen ist, denn sonst klappt das Zusammenleben von Hund, Katze und Rasen nicht!

Ferienzeit: Rasen allein zuhaus …

Der Sommer ist da! Sie können es gar nicht abwarten, dass es in den Urlaub geht. Aber wollen Sie denn Ihren schönen Rasen, den Sie so liebevoll gepflegt haben, im Stich lassen? Was ist vor der Abreise zu tun? Und was bei der Rückkehr?

Die Vorbereitung des Rasens

Vor allem: Düngen Sie mindestens einen Monat vor Ihrer Abreise nicht. Es ist wünschenswert, dass der Rasen so wenig wie möglich wächst. Einige Tage vor dem geplanten „Stich(lass)tag“ mähen Sie etwas kürzer als gewohnt und beseitigen Sie sorgfältig das ganze Schnittgut. Das ist alles.

Nach der Rückkehr

Die Pflege beginnt wieder – mit dem Mähen. Wenn das Gras stark gewachsen ist, muten Sie ihm nicht gleich einen „Kurzhaarschnitt“ zu: Mähen Sie allmählich häufiger und verkürzen Sie dabei nach und nach die Rasenhöhe, bis Sie bei der üblichen angelangt sind. Bedenken Sie: Nicht mehr als ein Drittel des Blatts abschneiden! Düngen und wässern Sie leicht. Normalerweise müsste Ihr Rasen sich gut erholen und auf den Winter vorbereiten.

SMART

Automatische Bewässerung

› **Stellen Sie** die automatische Bewässerung drei Wochen vor dem Urlaub ab. Wenn in Ihrer Abwesenheit niemand mäht, sollten Sie besser nicht wässern, denn sonst wächst der Rasen zu stark und unkontrolliert und ist nach Ihrer Heimkehr schwer in den Griff zu bekommen.

Trockenheit und Bewässerungsverbote

Sozusagen Zwangsurlaub für Ihren Rasen. Also gelten die gleichen Empfehlungen wie bei den tatsächlichen Ferien.

Rasen, der Trockenheit verträgt

Wenn Trockenheit in Ihrer Gegend häufig vorkommt und Sie sicher sind, dass Sie nicht sprengen können, denken Sie bereits bei der Anlage daran, einen anspruchslosen Rasen aus trockenheitstoleranten Pflanzen auszuwählen (siehe S. 32)

Was tun bei einem jungen Rasen?

Achtung, wenn Sie Ihren Rasen anlegen, müssen Sie sicher sein, dass Sie auch in den folgenden zwei bis drei Monaten alles Nötige zur Verfügung haben (Gartengeräte und Wasser). Ansonsten halten Sie sich zurück und warten Sie eine günstigere Zeit ab, zum Beispiel den Frühherbst (siehe S. 22).

Kälte, Frost und Schnee

Wenn der Winter kommt, hört das Mähen auf und Sie vergessen Ihren Rasen unter dem Schnee. Manchmal müssen aber bestimmte Vorsichtsmaßnahmen getroffen werden, damit er das übersteht.

Kälte

Die bei uns verwendeten Rasengräser vertragen niedrige Temperaturen recht gut und passen sich winterlichen Bedingungen an. Allerdings geht es dem Rasen deutlich besser, wenn der Boden gut dräniert ist und nicht zu viel Wasser speichert. Natürlich auch, wenn er das ganze Jahr über gut gepflegt wird. Leichtes Düngen im Spätherbst macht die Wurzeln etwas kräftiger. So ist Ihr Rasen robuster und widerstandfähiger und übersteht den Winter besser.

Frost

Die Pflanzen vertragen Frost bis zu einer gewissen Grenze, die aber in unseren Breiten sehr selten erreicht wird. Wenn der Rasen gefroren ist, sollte man möglichst nicht darauf herumlaufen oder fahren. Kleinste scharfe Eiskristalle dringen in die Zellen der Blätter ein und zerstören sie. Bei Frost betretene Stellen erkennt man nach kurzer Zeit an einer dunkelgrünen Färbung. Gönnen Sie Ihrem Rasen bei Frost unbedingt eine Pause.

Schnee

Eine dünne Schneeschicht auf dem Rasen schützt die Pflanzen vor zu kalten Temperaturen.
Unter dem Schnee schaffen aber die erhöhte Feuchtigkeit und die mildere Temperatur ein günstiges Milieu für die Entwicklung mancher Krankheiten. Besonders der Schneeschimmel verbreitet sich klammheimlich unter der Schneedecke, und wenn diese schmilzt, zeigt sich die böse Überraschung: die Symptome dieser Krankheit.

SMART

Den Rasen stärken

› **In Gegenden**, in denen es regelmäßig schneit, stärkt eine Gabe kaliumbetonten Düngers im Herbst die Widerstandskraft des Rasens.

Rasen unter Bäumen

Mit Hilfe einiger Tricks können Sie auch im Schatten von Bäumen auf etwas Rasen hoffen.

Die Aussaat eines Rasens im Unterholz muss unbedingt im zeitigen Frühjahr erfolgen, bevor die Blätter an den Bäumen zu viel Licht wegnehmen. Außerdem sind im Herbst die herabfallenden Blätter ein Hindernis für die Anlage eines Rasens.

Mähen Sie nicht zu kurz, denn das macht die Pflanzen empfindlicher. Lassen Sie den Rasen 1–2 cm länger als üblich.

Düngen Sie, bevor die Blätter an den Bäumen zu viel Schatten werfen, also im Spätwinter bzw. im zeitigen Frühjahr.

Wässern Sie im Hochsommer gründlich unter den Bäumen, aber vergessen Sie nicht, dass Lichtmangel und Feuchtigkeit das Auftreten von Moos fördern.

Die Rettung eines Rasens

Auch wenn ein Rasen in schlechtem Zustand ist, muss er nicht zwangsläufig vollständig erneuert werden. Mit ein paar Instandsetzungsarbeiten lässt sich ein „neuer“, saftig grüner Rasen schaffen, der alle erwünschten guten Eigenschaften hat. Lassen Sie uns die durchzuführenden Maßnahmen der Reihe nach anschauen.

Vertikutierrechen

Für Sauberkeit sorgen

Wenn der Rasen von Unkraut überwuchert ist, muss es zuallererst mit den passenden Mitteln beseitigt werden (siehe S. 45 bis 48).

Ein „Kurzhaarschnitt“

Das Ziel dabei ist, mindestens zwei Wochen lang nicht mähen zu müssen. Die Schnitthöhe wird zwischen 2 und 3 cm eingestellt. Messer müssen gut geschliffen sein. Alles Schnittgut wird nach dem Mähen entfernt.

Vertikutieren

Alle sich ansammelnden Pflanzenreste, altes Moos und abgetötetes Unkraut werden bei dieser Arbeit beseitigt. Besser als ein Vertikutierrechen, der Zeit und viel Energie kostet, ist die Verwendung eines mechanischen (oder elektrischen) Geräts. Die Höhe der Klingen wird etwas über Bodenhöhe eingestellt (etwa 5 mm), um zu vermeiden, dass alles ausgerissen wird. Dann werden alle Pflanzenreste, die aus dem Rasen geholt wurden, sorgfältig entfernt.

Ausgleichen von Bodenunebenheiten

Alle kleinen Senken werden mit einer Mischung aus gleichen Teilen Humus und Sand (oder zur Not Oberboden und Sand) aufgeschüttet und mit der Harkenrückseite geglättet. Wenn zu deutlich sichtbare kleine Buckel vorhanden sind, trägt man sie so weit wie möglich ab. Abschließend wird der Boden geharkt und gewalzt.

Ansaat mit einer Regenerationsmischung

Saat zum „Löcherstopfen"

Für eine solche Nachsaat sollten Sie unbedingt spezielles Saatgut zum „Ausbessern" nehmen. Diese Reparatur- oder Regenerationsmischungen sind in allen Sortimenten zu finden. Meist handelt es sich um eine einzige Art (Deutsches Weidelgras), von der drei oder vier Sorten variiert werden. Die zu verteilende Samenmenge beträgt 50 bis 60 g pro Quadratmeter. Die Methode ist die gleiche wie bei der Neuanlage eines Rasens. Nach der Aussaat walzt man den Rasen leicht. Dann muss die Feuchtigkeit durch Sprengen gewährleistet werden, bis die Samen vollständig gekeimt haben.

Nach einigen Wochen, wenn der Rasen 8–10 cm hoch ist, ist wieder das erste Mähen (der „Reinigungsschnitt": übliche Schnitthöhe, ggf. etwas höher) fällig. Danach wird gedüngt, damit der Rasen kräftiger wird.

Völlige Erneuerung eines Rasens

Wenn Sie meinen, dass Ihr Rasen eine Runderneuerung braucht, vergessen Sie nicht, dass Sie sich damit auf eine völlige Neuanlage einlassen und fast von vorn anfangen. Mit der Ausnahme, dass in diesem Fall die Humusschicht bereits da ist.
Im Unterschied zu den „Flickarbeiten" an einem Rasen wird in diesem Fall alle vorhandene Vegetation zuvor beseitigt – und Sie können sich eine passende Rasenmischung aussuchen.

Die Beseitigung aller Vegetation

Unkrautvernichtungsmittel unterliegen strengen Vorschriften. Lassen Sie sich also beraten, was erlaubt und ökologisch vertretbar ist!
Sollen wirklich alle Unkräuter und der „alte Rasen" chemisch beseitigt werden, verwendet der Gärtner ein Totalherbizid. Für eine gründliche und anhaltende Wirkung empfiehlt sich ein systemisches Mittel, das von den Blättern aus in der ganzen Pflanze wirkt und sie bis zu den Wurzeln absterben lässt. Es darf aber nur eine begrenzte Wirksamkeit haben, damit 8–14 Tage nach der Behandlung wieder gesät werden kann. Wenn das Mittel gewirkt hat, entfernt man die abgestorbenen Pflanzenreste und bereitet den Boden dann für den neuen Rasen vor.

Wenn man einen Rasen ganz erneuern will, muss man zuerst einmal den vorigen beseitigen.

Und dann?

Je nach Zustand des Geländes folgt nach der Beseitigung des „alten" Rasens die Vorbereitung des Bodens und die übliche Rasenansaat (S. 20) oder die Verlegung von Fertigrasen (S. 22).

Kalender der Pflegearbeiten

Januar/Februar/März → Betreten Sie den Rasen nicht zu oft → Entfernen Sie Pflanzenabfälle und Laub → Schleifen Sie die Messer Ihres Rasenmähers

April → Säen Sie Rasensamen gemischt mit Oberboden und Sand an kahlen Stellen → Düngen Sie mit Rasendünger → Beginnen Sie wieder mit dem Mähen

Mai → Belüften Sie Ihren Rasen, → Jäten Sie Unkraut → Beseitigen Sie Moos → Vertikutieren Sie, um Filz herauszulösen → Mähen Sie regelmäßig

Juni → Mähen Sie regelmäßig → Fangen Sie mit dem Bewässern an, wenn es nicht regnet
Juli/August → Wenn Sie nicht verreisen, mähen und wässern Sie weiter und düngen Sie etwas → Wenn Sie in Urlaub fahren, stellen Sie (je nach Witterung) etwa drei Wochen vorher das Sprengen ein und mähen Sie am Tag vor der Abreise

September → Belüften Sie erneut → Düngen Sie leicht mit dem passenden Dünger → Beseitigen Sie Unkraut, falls das im Frühjahr nicht möglich war → Mähen Sie weiter

Oktober/November/Dezember → Mähen Sie allmählich seltener → Gartenwerkzeug säubern und wegräumen → Achten Sie auf Krankheiten → Rechen Sie nach und nach das Laub ab

Bibliografische Information der Deutschen Bibliothek
Die Deutsche Nationalbibliothek verzeichnet diese Publikation in der Deutschen Nationalbibliografie; detaillierte bibliografische Daten sind im Internet über http://dnb.d-nb.de abrufbar.

Die französische Originalausgabe erschien unter dem Titel Jean-Paul Guérin, Un beau Gazon

Dessins: Michel Sinier
Réalisation: Guillaume Duprat

Wollgrasweg 41,
70599 Stuttgart (Hohenheim)
E-Mail: info@ulmer.de
Internet: www.ulmer.de
Lektorat: Doris Kowalzik
Fachberatung: Dr. Jörg Morhard
Übersetzung: Christiane Schoelzel
DTP: juhu media, Susanne Dölz, Bad Vilbel
Druck und Bindung:
Litotipografia-editrice Alcione, Trento
Printed in Italy
ISBN 978-3-8001-5582-8

BILDNACHWEIS

- ADJ/Fernandes: S. 22, 29u.re., ADJ/Jarreau: S. 23, 39l. Blickwinkel/M. Hjelm: S. 54re.
- R. Coutin : S. 52.
- GBA/GPL: S. 51u.
- GBA/Wothe: 45u.
- J.-P. Guérin: U2li., 5o., 5u., 10, 11u., 17, 40li., 40re., 46o., 50li., 50M., 50re., 51M., 51re., 52M., 53re., 55o., 62, 64(3), 65(1).
- A. Isambert: S. 7o.
- C. und G. Lung: S. 51li., 54li.
- MAP/Didillon: S. 57 (Les Orangeries, 86)
- MAP/Monel: S. 59.
- MAP/N. und P. Mioulane: S. 18, 29o.re., 35o., 39re.
- MAP/Noun: S. 44, 65 (1)
- MAP/Strauss: S. 2
- Dr. J. Morhard: S. 11o., 47
- W. Redeleit : U2re., U4li., U4re., 1li., 6, 8u., 9o., 12, 13, 15l., 19li., 19M., 20o., 20u., 21o., 21M., 21u., 24, 27, 28, 30, 32, 33, 35u., 36li., 36re., 37, 38u., 41, 45o., 48, 56, 60, 61, 64(3), 65(3).
- H. Reinhard: S. 1re., 7u., 8o., 29li., 31, 42, 45M., 46M., 46u., 53l., 55u., 58, 65(1).
- B. Schäfer: S. 49.
- D. Willery: S. 15re.
- Waldhäusl/PantherMedia: Titelbild
- Wolf-Garten: S. 38re.

Haben Sie Fragen?

❶ Mein Rasen ist immer feucht. Was tun?

Die Gründe können bei einer schlechten Dränage des ganzen Grundstücks liegen. Die Lösung ist das Verlegen von Dränagerohren, wofür man besser eine Firma beauftragt. Wenn nur ein paar Pfützen da sind, in denen das Wasser nach einem Regenguss steht, kann ein kiesgefülltes Loch, das dann mit Erde bedeckt wird, ausreichen. S. 17

❷ Welchen Rasen sät man im Schatten?

Rechnen Sie nicht damit, dass unter Nadelbäumen Rasen gedeiht. Im Schatten von Laubbäumen funktioniert eine Mischung auf der Grundlage von Deutschem Weidelgras oder Rot-Schwingel. Manche Mischungen für Schattenlagen enthalten auch die Schatten toleranten Arten Gewöhnliches Rispengras oder Läger-Rispengras. Beide benötigen viel Wasser und Nährstoffe und sind kaum belastbar. S. 8, 59

❸ Mein Rasen ist alt. Muss ich ihn neu anlegen?

Sie meinen vielleicht, dass Ihr Rasen alt ist, aber bedenken Sie, dass ein Rasen, der aus mehrjährigen Pflanzen besteht, sich ständig regeneriert und viele Jahre leben kann. Wenn er Ihnen nicht gefällt, genügen wahrscheinlich ein paar Auffrischarbeiten: Unkraut beseitigen, Moos entfernen, Vertikutieren, neue Aussaat, Düngen und Bewässern. S. 60, 62

❹ Muss man im Sommer täglich wässern?

Auf keinen Fall! Wenn Sie jeden Tag mit einer ganz kleinen Wassermenge wässern, wird Ihr Rasen grün sein. Doch die Wurzeln Ihres Rasens bleiben dann in der dünnen feuchten Oberflächenschicht. Er wird viel empfindlicher und anfälliger für Schädlinge und Krankheiten. S. 32, 56, 57

❺ Die Stadt verbietet das Rasensprengen. Was tun?

Jammern Sie nicht. Rasengräser sind sehr widerstandsfähig gegen Wassermangel. Ihr Rasen wird vielleicht wie eine Strohmatte aussehen, aber beim ersten Regen schon wieder grün. Und vergessen Sie nicht: Wenn seine Wurzeln die Feuchtigkeit in der Tiefe gesucht haben, ist der Rasen in der Folge robuster. S. 32, 56, 57

❻ Muss Düngen sein?

Wenn Sie zögern, Ihren Rasen zu düngen, dann möglicherweise, weil Sie meinen, dass er dann schneller wächst und Sie häufiger mähen müssen. Dabei versorgt der Dünger die Pflanzen mit den lebensnotwendigen Nährstoffen. Wichtig ist, einen geeigneten Dünger zu wählen, um Wachstumsschübe zu vermeiden. Das sind langsam wirkende Dünger („Langzeitdünger"). S. 34